U0656908

低碳经济 高瞻未来

不确定年代 知识为你找方向 DUFEP

STRATEGIES FOR THE GREEN ECONOMY

Opportunities and Challenges in the New World of Business

Joel Makower

绿色经济策略

新世纪企业的机遇和挑战

（美）乔尔·麦科沃 著

姜冬梅 王彬 译

东北财经大学出版社
Dongbei University of Finance & Economics Press

大连

ⓒ 东北财经大学出版社　2012

图书在版编目（CIP）数据

绿色经济策略：新世纪企业的机遇和挑战／（美）麦科沃（Makower, T.）著；
姜冬梅，王彬译．—大连：东北财经大学出版社，2012.4
（绿色低碳发展译丛）
书名原文：Strategies for the Green Economy：Opportunities and Challenges
ISBN 978 – 7 – 5654 – 0707 – 9

Ⅰ. 绿… Ⅱ.①麦… ②姜… ③王… Ⅲ. 企业经济：绿色经济 – 经济策略 –
研究 Ⅳ. F270

中国版本图书馆 CIP 数据核字（2012）第 015087 号

辽宁省版权局著作权合同登记号：06 – 2012 – 03
Joel Makower
Original ISBN：0-07-1 60030-2
Copyright ⓒ 2009 McGraw-Hill Limited.

东北财经大学出版社出版
（大连市黑石礁尖山街 217 号　邮政编码　116025）
教学支持：（0411）84710309
营 销 部：（0411）84710711
总 编 室：（0411）84710523
网　　址：http：//www. dufep. cn
读者信箱：dufep @ dufe. edu. cn
大连北方博信印刷包装有限公司印刷　　东北财经大学出版社发行

幅面尺寸：170mm×240mm　　字数：198 千字　　印张：17　　插页：1
2012 年 4 月第 1 版　　　　　　　　　　2012 年 4 月第 1 次印刷

责任编辑：李　季　刘　佳　　　　　　责任校对：尹秀英
封面设计：冀贵收　　　　　　　　　　版式设计：钟福建

ISBN 978 – 7 – 5654 – 0707 – 9
定价：36. 00 元

你的绿色策略是什么？

这不仅是一个与你的公司环保形象有关的营销或公关问题，而且还涉及贵公司的本质——如何经营、做什么、卖什么、如何与公司内部和外部的相关人员互动？不论是大企业还是小公司，不论卖的是产品还是服务，也不论是与消费者还是与其他企业和其他人打交道，如今公司越来越关注绿色策略这个问题。在许多情况下，企业并不完全了解拥有绿色策略到底是什么意思，只知道自己应该有一个。

到底为什么要这么麻烦？在 21 世纪的第一个十年里，日渐蓬勃的绿色经济开始崭露头角，这一方面是对全球环境与社会的挑战，同时也为不同行业的大、小企业创造出新的机会与挑战。在绿色经济里，废弃物、污染产品及其业务流程，纷纷让位给使用环保科技的高效率产品和流程。全球环境问题，如气候变暖，越来越被认为是创新的机会，它能激发人们创造出新的产品、流程、市场和业务类型。在激烈的竞争、政府干预、活跃分子的压力、消费者的需求、高涨的原材料价格、股东的担忧、大众感观的改变和对人才的需要等各种因素作用下，企业现在必须抓住这些机会，在创造更大的业务价值的同时来改善业务与名誉。

主流企业的"绿化"其实已经不是新现象了，多年来一些企业一直都在行动，只是没有被主流媒体所报道。自 1980 年（在某些案例里甚至还要更早）以来，企业就已经发现，只要使用比法律要求更环保的做法，就能降低成本、风险和责任。但是，企业做这些事情并不是出于要"拯救地球"，而是因为减少废弃物和污染并提升效率等这些做法本身就是好的企业的作为。许多公司一直都不愿意张扬自己的环保措施和成就，是因为如此一来会招惹不必要的监督，或许还会让公司面临大众原来一无所知的环保挑战。与我们想象的恰恰相反，企业在环保责任方面，一直是做的比说的多。

但是这些日子已经过去了。在社会要求企业责任与信息透明的同时，消费者和企业也更偏好于向"善良"的企业购买产品和服务。企业领袖发现，沉默不再是金。不论该公司把产品和服务销售给消费者还是企业用户，都会被要求诚实告之其环保与社会影响。这意味着公司一定得讲出一些好的、正面的、有意义的"故事"。

这可不是件容易的事情。在顾客也要求产品和服务更环保的同时，还有许多人怀疑企业在这些问题上的声明和公告。媒体和环境保护活跃分子的煽动更助长了人们对此的怀疑。对于企业的作为，他们总能迅速批评公司的不尽完美之处，但面对改进之处却又吝啬给予肯定。所以一些企业总感到：做好事没有不被惩罚的。

但这些顾虑也不是无凭无据的。如本书所提到的工业对于环境问题的影响，往往超过多数人的认识。例如，商品制造过程中所产生的固体废弃物，包括原材料的提炼和制造，是多数人所知道的"掩埋危机"所指的固体废弃物的 65 倍。这些废弃物通常被掩盖了，在公开的信息中是不会看到的，但这种情况以后会改变。

鉴于这段历史和怀疑论，想要成为绿色领导者的企业，以及要从新绿色经济中提升企业价值的企业都面临如下问题和调整：

■ 如何成为人人眼中的环保领袖，并从中得到商业利益？

■ 产品要多好才能被认为是"优良"？

■ 需要达到哪些标准，不论是隐晦的还是明确的？

■ 当你做到的时候，要怎么说才好？万一你没有做到时，又该如何表达？

■ 面对不信任和怀疑，该如何避让？

■ 在媒体和网络上的各种"绿色噪音"中，你该如何让自己被听见？

简而言之，在绿色的世界里，如何做才能成功？

我的绿色大道

我是从 1989 年开始关注企业"绿化"的，当时我正为自己的著作《绿色消费者》（The Green Consumer）做调查。这本书是在 1990 年的世界地球日出版的，当时全世界（或至少是某些地区）已经警觉到我们正面临重大的环境保护挑战。人们发现气候正在变暖、臭氧层越来越薄，还有水、能源、自然资源和垃圾掩埋地都日渐稀少。同时，很多畅销书的作者和一些自以为是的专家都在告诉我们，只要做好"简单几件事"就能拯救地球，我们觉得自己已经胜券在握了似的。

同时，似乎会有更环保的产品即将到来。宝洁（Procter & Gamble）和联合利华（Unilever）等大型消费品制造企业都开始试探这池绿水，期望自己最终能够畅游其中。家得宝（Home Depot）和沃尔玛（Wal-Mart）这样的大型零售商开始进行店内促销，强烈推荐绿色产品。我们可以感觉到绿色浪潮即将来临。

不过，绿色浪潮终究没有来。不少公司公开承诺要对环境负责，但结果就算不是在欺骗消费者的感情，也像船过水无痕一般消失了。科学家们研制的许多环保产品在初期都失败了：可用生物降解的垃圾袋无法降解（或者降解得太慢）、会发出恐怖光芒的笨重的荧光灯泡、像砂纸般粗糙的可回收的卫生纸、连芥末都洗不干净的环保清洁剂。其中，很多产品不仅昂贵而且还很难找。最后导致联邦交易委员会（FTC）于1990年初介入，并警告了几家企业。

1992年，我通过好几本书、一个每周刊登的报纸专栏、无数的媒体访问，以及遍及北美和其他地区的讲演，大声疾呼我的消费者座右铭：每掏一次钱就等于是投了一次票，决定赞成环保还是破坏环境。但环顾四周，却发现自己还是在绿色道路上独行。大规模的绿色消费者运动还只是个梦。

这其中有如下几点原因：首先，大部分企业都无法激励和鼓舞消费者。其次，消费者心存怀疑，同时也不愿意改变自己的购买习惯。最后，环保分子对于刚形成的绿色市场也不甚支持，特别是对那些才刚刚成长起来的小公司。结果，并没有多数人所谓的可以轻松改善地球问题的"简单环保"，反而需要比较少的挑战行动才能解决日渐严重的环境问题。

尽管我和消费者一样沮丧，但让我刮目相看的是，有许多企业都想方设法减少它们对环境的影响，某些企业是自愿的、出自于经营和声誉的考虑，有些企业则是被活跃分子逼迫而不得不开展对话。这些企业与倡导绿色的消费者之间的差别在于，说到采取绿色行动，消费者其实没有什么个人动机去改变，即使实行绿色行动，他们得到的或者能够看得到的利益也很少，但是企业的改变却能带来相当大的好处。因为企业使用的资源多、制造出来的废弃物和排放物也多，所以只要提高效率，就能得到丰厚的财务回报。如果是跨国企业，即便是一个小小的举措也能有重大的影响。企业也发现，只要减少污染，就能得到其他的好处，如能更吸引优秀的毕业生，因为这些学生都想为有相同价值观的企业工作。

所以，我把焦点转向企业的"绿化"，写作、演讲并提供顾问给那些想要从承担环境责任中获利的企业。

这几年来，我有幸能直接与数十家企业共事，还与数千位商界人士探讨如何拟定并执行环保策略，以降低对环境的影响，并从这些努力中创造企业价值。我也曾帮助企业去了解与它们的员工、供应商、顾客、媒体、活跃组织团体以及其他各方公开谈论企业的绿色策略和绿色进程会有哪些机遇和挑战。

其中的一些工作，是由我参与创办的一家媒体公司——绿色世界媒体（Green World Media）来完成的。这家媒体公司创办了 Green-Biz.com 等网站，举办过各式活动，也发表过针对主流企业绿化的研究报告。在此之前，公司还出版过我在 1991 年到 2005 年发表的月报——《绿色企业通讯》（The Green Business Letter）。还有一些则是由我与绿色秩序公司合作完成的，这是一家环境管理顾问公司，它为全球几家最大的企业提供服务。其余的一些工作则是由 Clean Edge 完成的，这是由我参与创办的一家专注于无污染技术的研究和出版公司。我也曾作为顾问提供建议给十多家顶尖的公关、广告和营销公司，帮助它们制定客户的绿色策略、产品和信息。本书中的很多范例和案例研究都取材于这些经验和我在自己的博客"抢先两步"（Two Steps Forward，www. readjoel. com）中与读者广泛交流的内容，通过这个博客，我们探讨了企业策略和绿色营销的相关问题。

派克与美国人价值观调查

这本书同时也得益于我的同事，全球顶尖社会变革营销人卡拉·派克（Cara Pike）的研究分析成果。本书末尾的附录里收录了派克主持的研究项目"生态地图"中的重要研究成果，这是一个基于 2005 年和 2007 年美国人价值观调查的研究项目。通过这项研究结果，读者可以了解消费者的思维，这将会有助于制定和执行绿色经济策略。

在 2007 年以前，派克一直担任美国一家顶尖的名叫"地球正义组织"（Earthjustice）的环境法非营利组织的公关部副总裁，并在任期内主持"生态地图"研究项目，研究数据来源于"美国人价值观调查"，这是美国有史以来最大型的家庭调查（1 900 位受访者）。根据对 900 个心理问题的回答，美国人价值观调查（AVS）弥补了传统民意调查的缺陷，揭开了影响人们行为和想法的内在价值观和世界观。在我们单凭人口信息越来越难区分和锁定消费者之际，这种方法别具价值。

派克发现，说到环境，消费者可以分成 10 个不同的类别，每个类别代表着不同的价值观、想法和行为。好消息是，超过 9 300 万美国人十分关心环境。问题在于这个"绿"字对于不同类别中的民众来说，意义并不相同，而且每个类别中的民众关心生态的方式也往往不尽相同。这对公司来说意义重大，对于积极团体、政府机关和其他方来说也是，因为它们都想激发民众对环境信息和市场营销做出回应。

在附录中，派克告诉我们，许多绿色策略和信息之所以失败，都是因为我们不懂也没能处理好不同类别人之间的一些微小却非常重要的差异，只顾着发展一刀切的方法。

找到你的策略

本书的 40 个小章节可以归纳成以下 5 个部分：

Part 1：探讨绿色企业和绿色经济的历史，看看我们是如何一路走到今天的。

Part 2：探讨市场，看看消费者是怎么说的，实际又是怎么做的，以及协调这两者又存在什么挑战。

Part3：从产品和公司的角度探讨这个问题："多好才算够好？"

Part4：跟随几家公司的脚步，看看大公司和小企业是如何追求绿色经济策略的。

Part5：探讨更大、更具挑战性的问题："多好才算好？"，也就是说，企业的联合行动是否能以及如何才能解决当前社会与地球所面临的环保挑战。

在接下来的章节里，你将会读到心怀绿色的消费者、企业、活跃分子、媒体和其他各方人士的观点，并了解到企业穿梭于这些绿色市场时所面临的挑战。你会知道未来的路该怎么走，也将学到，在日趋茁壮的绿色经济中大量企业站稳脚跟或败北的经验。而且，你也会找到支撑这个故事线索的研究数据。

你可以利用零碎的空闲时间分段阅读本书，也可以一口气读完；可以从头到尾按顺序阅读，也可以随机挑选几个章节阅读。这些短小的章节之间相互联系，也各自独立，自成一篇。相信无论是新手还是行家，都能从本书中获得知识和启发。

目 录

Part 1

我们是怎么走到这一步的？

1989 年 8 月，一家位于伦敦和纽约的顾问公司 Michael Peters Group 公布了一篇研究报告，这篇报告探讨了美国消费者是否有兴趣购买对环境负面影响更小的产品和服务，结果相当具有启发性。这篇研究报告以电话访问的 1 000 名消费者的信息为样本，其结果显示有超过 89% 的消费者担心所购买的产品会对环境造成影响。而且几乎同样数量的消费者（79%）表示，他们愿意多支付 5% 的钱去购买可以回收或者可降解材料作为包装的产品。

在营销圈里，这些数字肯定会让人眼前一亮。没有人曾评估过消费者在购物时的环保意识，更别谈能得出如此令人震惊的高利润。这表示，对于销售任何产品，无论是汽车还是化妆品的企业来说，市场中有个巨大且未被发现的机会。信息非常清楚而且引人注目：设计好一个绿色的圈套，世界就会开辟一条路到你门前。

这项报告公布的时机占尽天时地利，而且并非巧合。当时距 1990 年的世界地球日只差 8 个月，而且恰逢世界地球日 20 周年，所以报告必定会被媒体大肆报道。的确，活动主办方邀请了麦迪逊大道上最有实力的几家公司一起合作，以确保此次世界地球日得到大家足够的关注。活动的广告由 Pacy Markman 负责，这家公司曾一手打造了 Miller Lite啤酒广为流传的标语："你想要喝的啤酒都在这里，而且热量会少一点。"世界地球日的主办方得到了各大企业的赞助，并请来洛杉矶一家为《野战排》（Plotoon）和《机器战警》（Robocop）等电影负责商品授权的公司来负责商品授权，以便从地球日品牌的服装、配件和纪念品中获取收益。但具有讽刺意义的是，1970 年的第一个世界地球日旨在抗议企业在环境方面的违法行为，所以 1990 年的世界地球日或许才是第一个大型绿色营销活动的典范。

在当年世界地球日的相关信息里，很大一部分聚焦于绿色产品以及其制造商。环保团体呼吁市民使用回收或可回收、以较少有毒成分制成、包装可降解或其他以更友善、更温和方式对待地球的产品。他们呼吁抵制污染环境的大公司，支持规模虽小但重视价值的小公司，如 Aveda、班杰瑞（Ben & Jerry's）、美体小铺（Body Shop）、巴塔哥尼亚（Patagonia）和七世代（Seventh Generation）等。有好几本关于绿色生活和购物的书刊都登上了畅销榜（包括我的《绿色消费者》），其中一本名为《拯救地球的五十简则》（50 Simple Things You Can Do to Save the Earth）的书更是狂售了 500 万本，一时间大家竞相模仿这本由伯克利流行文化作者自行出版的小册子。不过作者约翰·雅夫纳最后还是觉得有些沮丧，因为他在书中鼓励民众从小事做起，反而可能造成民众太过自满。不过，他在 2008 年又推出了新版本，试图更深入地探讨绿色问题。

市场调研、媒体、商品、导购、抵制、畅销书，这些都未能置身商界之外。正如《纽约时报》在 1989 年 11 月所报道的："地球日的主办方希望与环境相关的每一方——从健康食品商店到环保书籍出版商，都迎上这股浪潮，进行宣传、销售和开展活动，以刺激参与率。"看来许多公司已经摩拳擦掌，跃跃欲试。

我们在欧洲已经看到过这种现象，特别是在英国。在我的著作之前，约翰·艾肯顿（John Elkinton）和茱莉亚·赫尔斯（Julia Hailes）所著的《绿色消费者指南》登上了英国畅销书榜首，燃起了英国人的绿色消费狂潮。在伦敦，像玛莎（Marks & Spencer）这类的百货公司都会展示可回收或类似的产品，而且大部分产品都卖得不错，伦敦的高级名店街商店也帮了忙，让绿色生活变成一种时尚。

到 1990 年 4 月 22 日的世界地球日来临的那天，绿色产品在美国这片土壤里也开始生根。根据《营销情报服务》（Marketing Intelligence Service）追踪产品上市的调查，当年所有新上市的家用产品中有 26% 的产品都宣传对臭氧层无害、可回收、可降解，或者是做了一些其他的绿色声明。就连不直接销售商品给消费者的公司也想要加入对绿色产品宣传的阵营中来。

从化工业到核能业，多家企业都在杂志报刊上买下全版广告，声明它们对环境的承诺。

商界和市场全面进入绿色时代。至少看起来如此。

第1章

去芜存菁的绿

但结果却没那么简单。许多产品都是名不副实的。调查员发现某些产品标签上的声明是不准确、无法验证，或者毫无意义的。标签上的许多词语，如安全、有益于地球、无毒或天然等，都没有合法或者被大众所接受的界定。还有一些从技术上来说是正确的，但是在实际中，这些技术却并没有被使用。例如，某包装上说，聚苯乙烯快餐盒是可回收的。的确，回收聚苯乙烯的技术是存在的，但是几乎没有人运用过这项技术，因此包装上的声明实际上是毫无意义的。

对于刚刚起步的绿色商务运动来说，这无疑是命运的逆转。之前一直教育消费者"要购买绿色产品"的环保人士现在开始痛责企业做出的错误且误导民众的声明（后来称之为"漂绿"）。相互竞争的企业也纷纷开始批评其对手欺骗消费者。举个例子，宝洁公司就公开指责那些声称产品可以在掩埋后降解的竞争对手。美国联邦贸易委员会举行了听证会，同时明尼苏达州首席检察长休伯特·汉弗莱三世（Hubert Humphrey Ⅲ）带领了一个特别工作组。他们公开处罚了美孚公司（Mobil Corporation），因为该公司声称其Hefty塑料垃圾袋是"可见光降解的"，也就是说，只要长时间暴露在阳光和空气中，塑料袋就会降解（从技术上来说是可以的，但是现实生活中却并非如此，因为垃圾袋最终会被土掩埋，接触不到阳光和空气）。一些积极团体原本呼吁消费者要向好公司购买绿色产品，现在却开始抵制有环保宣言的产品。当然，天下乌鸦也不是一般黑的，有些公司真的改善了产品和工艺，但结果却并不是三言两语就能断定的。

一切都要从模仿燕麦麸开始。

20世纪80年代末期曾有过一阵吃燕麦麸的风潮，当时燕麦麸被认为是降低血液中的胆固醇和预防心脏病的良方，年轻人可能并不知道这些，太年长的人可能也已经忘记了。当时有无数加工食品中都添加了燕麦麸，而这些产品原来都不含燕麦或麦麸的成分，如面包、薯片、玉米饼甚至是啤酒。1998年里有好几个月，桂格燕麦（Quaker Oats）由于无法生产足够的燕麦来满足市场需求，只能定量配给，缺货时不得不在谷物货架上贴出道歉函。

但在20世纪80年代末，这股风潮却戛然而止，因为当时有几篇验证燕麦和心脏健康关系的报告指出，实际上，这两者或许并不相关。他们得出的结论是，在摄取了大量燕麦麸的情况下，才可能稍微降低血液中的胆固醇。

这是市场营销的转折点：一项源自科学研究的营养运动，突然被当作一种抢钱的诡计，颇具讽刺意味。

绿色产品最后也得到了和燕麦麸一样的下场，而且流行燕麦麸的时间距离流行绿色产品的时间并不久远。从敲锣打鼓到泛滥成灾：有矛盾的消费者、愤怒的活跃分子、探究事情的管理当局、相互指责的企业，还有记者，这些无冕之王们都太急于说出他们的故事，这一路上造就了多少企业英雄，然后在发现他们犯错后又一个一个把他们拉下王位。结果，曾经自吹自擂在拯救地球上多有决心、多有成效的公司全都闭口不提。承认做一个更干净、更有效率、更有责任心的企业所带来的好处，远不及公开谈论企业作为所带来的风险。许多公司看到环境问题如此复杂且难做，都放弃了绿色策略，虽然大多数仍然继续努力进行企业绿化，但不再大张旗鼓。

这是正确的。企业一旦发现远离了聚光灯，反而能在环保上做得更多。企业并不是因为这是某种邪恶行为而必须躲起来不受公众监督。情况恰好相反，许多企业从20世纪90年代初就做了许多令人钦佩的事，如减少产品流程中的废弃物、有毒物质，提高能源、天然资源的利用率等。其中许多的努力都不会展现在产品上，至少不会直接显现出来，但这却有助于企业显著降低其对环境的影响，而且还能降低成本和风险。这就是聪明的经商之道，不管活跃分子和消费者是否会认识和认同这一点。

然而，情况又有所改变。现在，气候变暖、水资源问题、有毒产品以及其他环境和公共卫生议题，特别是企业责任和社会责任的问题，成为了新的焦点。因此越来越多的企业发现它们必须在环保的聚光灯下运营。企业领导们认识到，市场期待公司采用更干净、更有效的作业方式，除此之外，还要时刻注意每一个行为对环境造成的影响。而且大家也期望企业做到这一点，虽然不必站在屋顶上大喊，但至少得公开说出企业做对了哪些事，又有哪些方面仍需努力。在1990年的世界地球日还是学生的年轻人现在都已进入职场，这群人不仅仅为了生活而工作，他们还想创造一个美好的生活环境。从某种程度上来说，他们更愿意为自己所相信的企业工作。在他们身后，还有另一代正要兴起的消费者和未来的上班族，对他们来说，爱护自然是第二天性。

同时，消费者也变得更加成熟。尽管我们知道有很多人为了买绿色产品而费尽周折（后面我们会谈到这一点），但毫无疑问的是，受几大消费品公司广告的影响，民众对环保问题的了解正在日益加深。可能现在，一般消费者谈起自己的碳足迹时，并不能像谈及自己的体重和胆固醇指数那样如数家珍，但是仍有一部分人能够做到，这已经是很大的改变了。

对许多人而言，做个对环境负责的公民已经不再是一种流行，更是一种生活方式，这来自对未来真正的关心。像回收、自备购物袋以及电脑关机等小习惯，正逐渐将全新的绿化观念灌输给更多的民众。绿色产品的质量和功能有所提升，也很少出现原来那些浇熄消费者热情的问题。技术进步带来了许多创新产品，这些产品使用可再生能源，采用生物或有机原料，而且含有更少的有毒原料、更多可回收的成分，再或者仅仅使用普通的材料制成。

在所有这些无奈又强制的压力下，你将如何制定并宣传贵公司的环保策略和进程呢？即使，像大多数公司一样，目前做得并不完美。你又如何在企业绿化的过程中获得有形的商业价值呢？

正如你将会读到的那样，事情并非那么简单，但确实可行。

第2章

从绿化运动到绿色市场

　　企业、媒体、政坛、活跃分子以及消费者中大多数人都认为，绿色企业是最近才出现的现象，是突然间冒出的概念，也或许是在美国前副总统戈尔（Al Gore）和其他重要人士的大力鼓吹下才兴起的。但事实上，这个一夕的转变已经酝酿了十年之久。要想了解主流企业的绿化，我们首先得了解它的来龙去脉。接下来的是绿色商业的一个四分钟简史。

　　在最开始，大概是在 20 世纪 60 年代，人们开始关注污染，污染既脏又不健康，而且还威胁到我们生活的各个方面。于是就有了污染控制法，希望停止一切非法活动，并且关闭那些源源不断地涌出的各式合法却不合理的烟囱和排水管。1970 年，美国环境保护局（U. S. Environmental Protection Agency）成立，接着美国和其他国家通过了一系列的法案，破天荒地规范了空气和水的污染。配备工具的工程师们也开始登场，他们努力学习该如何有效地测量并控制排放量，以符合法案的规定。

到了 1980 年少数几家聪明的公司意识到，如果一开始没有污染，就根本不用担心控制污染量或者污染治理的问题。于是有了《污染防治法》与其姊妹法，旨在"减少废弃物排放、提高能源利用效率"。企业也开始重新思考流程和管理系统，以减少废弃物并降低成本。从便利贴到清洁剂几乎什么都生产的 3M 在 20 世纪 70 年代制订了污染防治计划，一直持续到现在，替公司省下了数百万元。

到 20 世纪 90 年代，管理部门开始介入并喊出"我们需要一套完整的体系"、"有测量数据才能管理"等口号，于是制定了环境管理系统和所谓的 ISO14001 认证标准，并由国际环境标准组织（International Organization for Standardization）颁布，它规定了企业环境管理的基本准则。所以在 20 世纪 80 年代的一段时间内，管理大师戴明（W. Edward Deming）的学说还在盛行时，所谓的全面质量环境管理（Total Quality Environmental Management），也曾引领过一阵风潮。

当更多企业开始了解产品制造方式所带来的许多环境影响时，少数几个公司意识到它们必须关注产品本身——它们的产品给环境带来的全部影响。"从摇篮到坟墓的思维"开始兴起，整套工具也应运而生。突然间从环保经理那里跑出许多例如产品生命周期评估、有益环境的设计、产品生命终期管理、去物质化、去制造化、重新制造、逆向物流、产品回收以及长期制造商责任等名词。企业开始以更好的方式测算并管理它们的生产能力，并了解投入一单位原料能生产出多少产品。后来，绿色设计师兼建筑师威廉·麦唐纳（William McDonough）以及瑞士化学家布朗嘉（Michael Braungart）告诉我们，不应该以"从摇篮到坟墓"为目标，而应该做出紧密相联的、"从摇篮到摇篮"的产品和流程。他们制定了一套执行方式，最后也制订出了这类产品的认证计划。

在审核它们的产品和流程时，环保经理们也开始了解到，许多组织外的各界人士，包括供应商、承包商以及商业伙伴，都会对环境造成破坏。供应链环境管理变成了焦点，企业努力要把干净、绿化的口号推向业务上游。在某些情况下，企业与供应商合作，找出并采购由植物而非石油或树所提炼的原料，或其他无毒的替代原料，或者是使用可以减少或完全去除问题成分的技术。一位名为班娜斯（Janine Benyus）的作家告诉企业"生物模拟"的概念，也就是要在大自然中获取灵感。这个概念将生物、工程和工业设计联系在一起，从大量昆虫、真菌、动物和其他生物中获得启发，打造创新的产品和流程。这就提出了一个问题，"自然界是怎么样设计的？"，我们需要从大自然超过30亿年的探索和发展过程中找出一套工具。生物模拟被杜邦（Dupont）、通用电气（General Electric）、惠普（Hewlett-Packard）、耐克（Nike）和 Streetcase 等大公司和许多小企业所采用。有一群化学家也提出了看似矛盾的绿色化学概念，这是一种对环境更友善的化学，可以减少废弃物并释放较少的有害物质，同时可以制造出更安全的产品。

当这些活动都日渐普及之时，一些先进的企业模式也开始兴起，例如产业生态。在这种模式里商业体系就像是雨林或其他自然体系一样，一个流程中生产的废弃物会变成另一个流程中的原料。一些公司追求的目标是零废弃物、闭环工厂，没有烟囱、污水管和垃圾箱。还有一些公司则致力于让产品、设施和活动所排放的废气可以达到"碳中立"的地步。企业也认识到，遵守绿色资本主义原则，公司不仅能成为一个优良企业，还能有益于环境。

企业最终也学会了永续这个概念，人、利润、地球正是永续的三大支柱。对越来越多的公司来说，代际间的黄金准则已经成为新的目标，而且是相当有抱负的目标。因为真正的永续，意味着企业要持续经营，而且不能给子孙后代太多的限制，这个目标对多数企业来说是遥不可及的。不论好坏，永续已经成为一个艺术术语，虽然它常常被误当成是环保或绿色的同义词。

过去几十年，绿色商业的发展可以用三波演变来说明，首先是某种生态誓言，"第一步，不造成危害"，也就是企业要让最糟糕的环境滥用得到控制。

其次则是"行善得福"，企业发现它们只要采用几个预防措施就可以降低成本，还能提高企业声誉。

最后就是"绿色能赚钱"。这是通用董事长伊梅特提出的口号。也就是说，环保思维不仅可以增加收益，还可以通过创新、新市场和新业务带来更多的收益。

这时，永续才得以永续。

很重要的一点是，变化的进程仍然存在，从污染防治法到最先进的思维，有时候就存在于一家公司中。的确，无论是在一家公司还是整个经济体中，这么多的绿色行动，当然会让大家困惑不解。因此，要找出真正的领袖，对谁来说都是一个大难题。对于想让自己跃身成为真正绿色领袖的企业而言，这是一个挑战也是一个机遇。

第3章

21 世纪的绿

现代环保运动之路或多或少都呈线性发展，从 20 世纪 60 年代开始，这条路就由一个个不同组织和事件交叠而成。除了少数几个头条事件以外（核能和工业意外、飓风和其他自然灾害、石油和化学物质外泄），运动的发展虽然有时会出现停滞，但总体来说也相当有序。然而环境问题却有着截然不同的情况。粗略地审视一下地球所面临的挑战规模和本质，就可以看出变化的痕迹。

想象下列两个截然不同的景象。

一个是美国俄亥俄州燃烧的凯霍加河，水中的毒性非常高，以至于可以被点燃，这向美国工业敲响了一记警钟，也激发了作家和活跃分子的想象，而且词曲作家纽曼（Randy Newman）还因此在 1972 年创作了一曲《燃烧吧》（Burning On）。

再回忆一下戈尔的电影《不愿面对的真相》（An Inconvenient

Truth）中的任意一幕，可能是显示大气中温室气体浓度正在升高的图像，或是说明地球表面温度正在升高的片段。

现在同时想象这两个景象，燃烧着的凯霍加河和气候变化。再想想两者有多大的不同。

燃烧着的凯霍加河是当地的环保挑战，非常紧迫、就在眼前，而且肇因也比较一般（也就是工厂把废水倒入河中），问题处理时间短（河水在十年以内就可以清理干净），因此是有办法解决的。

再想象一下气候变化。气候变暖是全球性的，而且很多都是隐而不见的，它是由一个世纪以来的数百万种原因造成的。气候恶化的程度和持续性非常大，这不禁引发了人们对"人类是否能够控制气候变化?"、"大自然是否能够自动恢复平衡?"等问题的激烈讨论。

这已经不是上一代的环境问题，也不只是"垃圾掩埋危机"、城市烟雾弥漫和可爱生物灭绝的问题。这些问题都不是举手之劳就可以解决的问题。显然，我们已经错过了那个时机。当前的环境挑战已经超越了我们以往面对的任何困难，环境破坏不仅危害到了鸟类和森林，还可能威胁到经济、公共卫生以及人类安全。

改变已经发生，但也并不是每件事都会发生变化。政客和管理当局想要掌控问题，他们的方法也不是每次都能奏效，毕竟市场机制以及其他非规定性的信号，更能有效地奖励那些承担环保责任的企业。活跃分子仍然采用抗议和抵制的方式，不过其中一些聪明人也开始意识到与企业合作的潜力。许多公司采取防御姿态，只做绝对必要的项目，以杜绝抗议者的怒吼。

当前的环境问题已不同于以往，它更加复杂，更加难以忽视，难以摒弃。时代也不同了。企业策略需要反映这些变化和其中的复杂性，不再只是提出简单的口号或者做出随机的善举，而是，要在企业的营运方式上做出一些根本性的改变。

第4章

无效的对话

　　不论你是否已经制定或者刚开始制定绿色策略，都必然要面对以下这个绿色经济中的基本现实：从主流公司和消费者做生意的角度来看，绿色策略在很大程度上来说是无效的；从主流公司和其他公司做生意的角度来看，绿色策略也只是稍有成效。之所以无效是因为参与者之间并没有有效地沟通。他们在表达自己时，信息常常被误解或者被忽略。

　　这到底是谁的错？要责怪的对象可不止一个：

　　■ 近20年来，一直都有研究显示，在美国以及其他一些发达国家，有相当多的消费者以及越来越多的企业，更倾向于购买能够减轻环境压力的产品。但是现实生活中，多数人都不会因为某样东西是有益于环境的，就改变他们的购买习惯，而且通常他们并不相信企业做出的环保声明。

　　■ 企业，尤其是大企业，逐渐将环保思维融入到日常业务中,通常是因为,绿色方式意味着更有效率以及更大的利润。但是这样努力的效果并不能直接从产品上看出,至少从标签和营销目的上是看不出的。没有标签来定义哪种企业是绿色企业或是对环境负责任的企业,因此每家企业、每个消费者各有见解。也因为缺乏标签,许多企业不愿意宣传它们的环保进程,担心自己做得不够好,会弄巧成拙地点出一些民众不知道的问题,反而让企业遭到批评而非赞美。

■ 一直以来,环保人士都将企业,尤其是大企业视为敌人,他们比较善于扮演黑脸,而非白脸。他们会正视和质疑企业的短处和错误,而很少对它们的转变提出赞美。他们很少说类似"谢谢,请再接再厉"这样的话,而倾向于说,"不行,还不够好"(甚至是"你还好意思谈什么成就,问题还有一大堆呢")。而且这些理想主义者也不太容易接受渐进式的进步,但大多数企业的改善都是缓慢完成的。环保人士想看到的是公司进行大胆甚至激进的改革,不到这种程度,都是不被他们接受的。

不仅如此,不论是中央还是地方,多数管理当局和政客都不知道,如果有企业愿意做超过法律要求的环保措施,它们应该领导还是追随企业,或是放手让企业去做。华尔街向来不关注企业主动采取的环保行动,即使这些行动看起来可以降低风险,改善营运效率,或者是创造企业价值。而主流媒体对此也只是草草带过,更倾向于把企业绿化看成是小说,稍稍带过,遗漏了很多重要的故事。媒体的报道是无常的,甚至是讽刺的,它们先塑造出企业英雄,接着发现他们不完美时,又乱棒将其打落。

有心却充满疑虑的消费者、主动却谦逊的企业,积极却常常被误导的活跃分子、好坏兼半的媒体信息,以及缺乏规定和标签来界定怎样的做法才够好等等这些因素,使得我们几乎不可能制定可行的绿色策略,来满足这些混乱且讽刺的市场的需求。不论是企业客户还是个人消费者,都不知道该相信谁,或者该相信什么,他们有时在生气之余只能两手一摊说："绿色企业只是另一种骗局"，然后把领导企业和装模作样的公司全部一票否决。

所以我说，这是无效的对话。

我们不应该"一朝被蛇咬，十年怕井绳"。成功的企业开始找到自己的方式穿越这片森林，制定出政策、流程和信息（当然还有产品、服务和策略），来满足企业客户和个人消费者的需求。稍后，在本书里，我们将会看到企业是如何成功地攻克绿色经济里的种种挑战。

第5章

什么是绿色企业？

当企业开始制定、执行并传播绿色策略时，会遇到一个很大的问题：大家对于绿色企业并没有一个统一的看法。有趣的是，有这么多的报纸新闻、杂志封面故事、电视专题、网站、博客、顾问、会议、演讲者致力于给"对环境负责任的企业"下一个定义，但对于到底什么是绿色企业还是各说各话。

我们知道什么是绿色建筑。在美国和加拿大，对此有一套行业标准予以界定，称之为能源与环境设计（Leadership in Energy and Environmental Design，LEED）绿色建筑评估体系，在其他许多国家也有类似组织。我们知道什么叫做有机认证番茄，至少在美国有法律明文规定了这类有机产品。

但我们却不知道绿色企业是什么意思。

这是个大问题。几乎每个新的产品、点子、趋势或是市场，都需要一定的规则和标准，才能被广大民众认可，然后成规模地发展。想想我们每天使用到的那些标准：电脑上的 USB 接口（让你的电脑能够顺畅地与大多数的打印机、鼠标和其他装置连接）、本书封底上那独一无二的国际标准书号（让你可以用任何一台电脑或在任何一家书店订购书籍），还有那些用来管理合格会计师的规则（让这些人可以获得执照，并对财务报表做出公开认证意见），甚至是美国商业改进局的会员（证明公司的确有良好信誉，也愿意解决与消费者之间的争端）。这些规则让客户、商业伙伴、员工和其他人都觉得放心，同时也更好地促进了市场的成长和繁荣。

那么，决定企业能否冠以绿色名号的规则又是怎样的呢？需要做出哪些环保承诺？该如何经营？是否有废弃物、能源、运输有毒物质等的最低标准？企业对其造成的环境影响，应该公开到何种程度呢？企业又如何得知它们是否满足了社会的期望呢？简而言之，要怎样才能知道企业的环保政策、环保计划、环保流程被认为已经是足够好了？

这是个惊人的挑战。能不能制定出一个单一标准，或者是多个标准，来界定何为"对环境负责的企业"，而且这些标准可以应用于各种产业、各种规模的企业。是否有统一的标准可以应用到本地餐厅、指甲沙龙、银行，或者是跨国化学公司和一些主要的零售业呢？

答案是：到目前为止，还没有这样的标准。每家公司都不一样，即使是同一座城市做同样生意的两家公司也是不完全一样的。当然很多公司都有相同之处，例如都在要使用电脑和纸张的办公室里办公，聘用的员工都需要往返于家和办公室之间。不过，这类活动对环境的影响在某家公司可能很巨大，而在另一家却是轻微的。

市面上确实有绿色企业认证计划，多数给了地方小企业。有几个乡镇和城市也设定了计划，让符合一系列标准的当地企业得到证书，证明它们的环保承诺和成效。但是很少有企业真的应用这些标准，而且这些认证也很少能够跨越到其他地区，这就意味着，如果一家公司在多个乡镇、市或省份设有分支，就可能要适用于不同的独立认证，而且这些标准都各不相同。由非营利组织同美国合作所开发的一个名为"绿色企业网络"的计划，拥有 4 000 名会员，这些都是达到了环保标准的企业，其中多数会员都是小型或者微型的企业。但是根据美国人口普查局得到的数据，美国的小型企业数目超过 2 500 万家，相比之下，4 000 名会员只是凤毛麟角。原因在于，这里的会员仅限于能够通过该机构检测流程的企业，并以此判断企业"是否做出了与社会和环境责任相关的承诺"，以及在这些方面是否付诸了"相当的行动"。

还有一些标准针对的是绿色企业的特定方面。举例来说，全球报告倡议组织的报告标准就被数十家大型企业所采用，事实上，将它作为汇报一个企业的经济、环境及社会绩效之用。理论上一些公司可能并没有遵守法律规定，只做了部分努力或者根本没有做任何努力去降低对环境的影响，但是只要它发布一份符合全球报告倡议组织规定的报告，详述其不作为，那么该企业仍然可以算是合乎标准的。在环境管理系统中有一个名为 ISO14001 的国际标准，它明确规定了公司应该建立一种井然有序的方式，在可控制的范围内系统地降低对环境的影响。不过该标准仅适用于特定的部门，而不是整个公司。而且该标准也只能证明环境管理系统确实存在，但并不能证明环境管理系统是否有效。一家公司可能不符合法规，因制作有毒的儿童玩具而被环保团体控告，但它仍然可能通过了国际标准组织的检验。

对于各种不同的产品，存在着数十种标准，像可持续采伐的木材、树荫下种植的咖啡、无氯的纸张、有海豚安全标志的金枪鱼（编注：Dolphin-Safe Tuna，海豚会跟随金枪鱼一起在海中活动，在捕抓金枪鱼的时候海豚可能会被一同捕抓，对海豚造成伤害。有此标志表示在金枪鱼的捕捞作业中，海豚不会受到伤害）、自由放牧的牛肉、无动物试验的化妆品、可降解的包装等（可参考消费者联盟所编写的清单）。其中某些标准可信度极高，被极受尊敬的科学家、环保人士、企业领袖和其他人士所认证。其他标准的可信度则没有那么高，只有单一的组织对其做宣传，参与的相关团体也较少。像这样的标准，只有少数能适用于整个公司，多半都是针对特定产品。

在缺乏统一标准的情况下，要定义对环境负责任的公司，意味着任何企业都可以宣称自己是绿色的，不管其行为是否具有实质性、是否全面，甚至是否是真实的。想要在倾倒化学物质的公司屋顶上加盖太阳能面板吗？这样你也能成为绿色企业！你可以鼓励员工搭乘集体运输工具、纸张双面打印、使用获得可持续性认证材料制成的办公家具，然后再在办公室里摆设进口的有辐射的廉价金属饰品，如此一来，你就可以称自己是绿色企业。想怎么做都随你。

这么说有点像在开玩笑，确实有那么一点。

任何公司都能自称绿色企业，这意味着企业很有可能言过其实，不论它们的用意有多善良，消费者因无法分辨其真实和夸大的成分，就很可能为此而变得沮丧，变得轻视它们。这也意味着那些真的是标杆企业的公司（也就是真正把环保思想应用到业务中的公司），无法轻易从群众眼中脱颖而出，群众可以是消费者、顾客、求职者、媒体、投资人等等。

从20世纪90年代开始，政府、企业、非营利组织就已经设定了数十个自愿性的环保和社会标准，专注于产品、设施和公司营运等方面。这些标准涵盖了相当广的政策、实施和成效，规范的议题有海洋与森林监管、能源效率和气候变化、工人和劳工权利、企业道德、少数民族采购、社区投资、多元董事会等很多议题，但仍缺少一种简单的方法来评估公司所有的环保表现，至于其社会成效就更别提了。

没有这种标准其实也并不令人意外。创造一个全面的绿色企业标准确实是一个复杂且艰难的问题，但也并非不可行。有几个组织已经开始构建类似的计划，只不过真正推出来的计划寥寥无几，而且还没有哪个被广泛采用。

2004 年，旧金山湾区的绿色企业领袖们接到了一位来自萨克拉门托（美国加州首府）立法委员助理的询问，问题是他们是否支持立法让加州向"永续经营企业"采购。我也是这里的绿色领袖之一，我们最后拒绝支持，因为该法案缺乏对该词语的明确定义，但这件事也开启了内部成员的一番讨论。之后焦点转向了如何构造一个"公平竞争"的评级系统，以带来评级、比较和学习的机会，帮助公司提高他们的环保成效和社会表现。

我们最后得出的成果是永续经营业绩评价（Sustainable Business Achievement Rating，SBAR）系统，以此来评价企业的环保、经济和社会成效。其中一部分采用了能源与环境设计的绿色建筑标准；能源与环境设计的绿色建筑标准能针对多种与建筑环境相关的议题做出一般、良好、优秀的评价。而我们的永续经营业绩评价包含了可持续的五个维度——环境、办公场所、市场、社区和治理。在引领时代潮流的加州阿米拉郡公共机构的支助下，我们的永续经营业绩评价小团队花了三年的时间建立这套评价系统，并打造起了其中的一部分。在写这本书时，由于缺乏资金，我们的进展也受到了限制。

能源和环境设计建筑评估体系的兴起和成功说明了一切。在此之前，每个人都可以声称某栋建筑是绿色建筑而不用承担任何责任。"我们有节能窗户、低水耗厕所、可回收地毯，我们是绿色建筑！"，当然这些都很好，却很难赶得上建筑专家所谓的绿色建筑的皮毛。

能源和环境设计建筑评估体系告诉我们，多好才算够好，至少在建筑上是如此。它建立了一套完整的标准，在近几年绿色建筑需求激增的情况下也广受好评。它建立了统一的标准，让产品制造商、开发商、城市规划者，房东和房客能用同样的语言沟通，在同一领域里作业。而绿建筑市场也开始一路腾飞，未来也将持续发展。根据美国绿色协会的调查，截止到 2007 年年底，美国约有 1 000 座建筑获得了能源和环境设计建筑评估体系的认证。美国绿色协会估计在未来三年内，这个数字会增加到 100 000。

　　永续经营业绩评价在宣传上是希望能建立一套类似的完整标准，振兴绿色企业市场，以此为基础来打造一个强有力的竞争市场。这样的标准以后或许会出现在市场上，但是包括永续经营业绩评价在内，没有一个是现在就可以派上用场的。现在，企业得学会如何在没有标准的世界里运营，自己制定它们所认为的对消费者、员工、社区以及大自然来说够好的标准。

第6章

消费者真的在乎吗？

还记得前面提过的 Michael Peters Group 在 1989 年的研究吗？里面提到近九成的消费者会担心他们的购买行为会影响到环境。这是此类报告的先河，此后一直有更多的市场研究调查，探讨消费者对于购物和环境之间关系的态度。每份研究报告都有不同的侧重点和研究方向，背后的目的也各异，但报告的结果却颇为一致。

而且大多数的结论都是错的。

这么说可能略微夸张，但也不为过。我注意到 1989 年以来，这类报告层出不穷，但结论都差不多，而且结论往往都与事实不符。尽管庆祝过了第十八届世界地球日，历经了五任美国总统，看着汽车诞生、消失又重生，调查结果中的数字却从未改变。

我从 2007 年到 2008 年世界地球日的研究中找到了几个样本，有以下发现：

■ 根据 GFK Roper Consulting 公司的调查，79% 的消费者表示，公司在环保方面的作为，会影响他们是否会将这些公司的产品或服务推荐给其他人。25% 的美国人表示他们愿意多花钱购买对环境比较有益的产品。

■ 根据埃森哲的研究，全球有 64% 的消费者表示他们愿意多付一些钱（平均约 11%），来购买产生更少温室气体的产品。

■ 市场研究公司 TNX 调查了五大洲 17 个国家的消费者，发现 94% 的泰国受访者和 83% 的巴西受访者愿意支付更高的价钱来换取对环境有益的产品，然而仅有 45% 的英国受访者和 53% 的美国受访者表示愿意做更多事情来推动环保工作。

■ 根据逻辑学家先前的调查数据，69% 的欧洲消费者声称他们在家里非常努力地降低能源消耗，其中有 75% 的人认为他们的节能行为与气候变化有直接的联系。80% 的消费者担心气候变化，而 75% 的消费者觉得个人努力有助于降低其影响。

■ 根据广告发行商 Burst Media 的调查数据，消费者会对带有绿色信息的广告印象深刻，超过 1/3 的受访者表示他们常常会想起绿色信息，另外 1/3 的受访者表示他们偶尔也会想起。

■ 根据视频会议公司 Tandberg 所做的全球调查，53% 的全球消费者更愿意向环保声誉良好的公司购买产品和服务。该研究也指出，公司的环保声誉不仅能受到顾客的青睐，也能拉拢员工的心。八成的受访上班族表示，更倾向于为有环保道德的公司工作。

■ 根据 Image Power 绿色品牌调查，预计一年内，消费者在绿色产品和服务上的支出会增倍，估计每年会增加 5 000 亿美元。该研究发现，消费者不仅认识到绿色对社会和全世界都有广泛的价值，还意识到绿色可以直接正面地反映其社会地位。

■ 根据 Information Resources 公司的调查，大约 50% 的美国消费者在挑选袋装食品和选择何处购买时，会考虑到可持续发展的因素。

大约30%的人在选择品牌时会选择有益于生态的产品和包装，高达25%的消费者在决定购买商家时，会同时考虑到公平交易以及是否有环境友好或有机的标识。

■ 根据 Cone 2007 年的消费者环境调查，多数美国人表示，他们正努力改变生活，降低对环境的影响。说得更明确一点，美国人表示他们正在节约能源（93%），做回收（89%），节约用水（86%），还与亲戚好友谈论环境问题（70%）。Cone 得出的结论是：美国人正在呼吁企业在日常运作中更加积极主动地保护环境。而且，有一大群人支持有意义的企业行为。

■ 根据房地产公司仲量联行的消费者环保信心调查，大约有40%的消费者表示他们愿意尽一切所能来保护并改善环境，更有超过半数的人在家做回收。这项调查是在 34 家仲量联行所管理的商场进行的。

■ 根据 BBMG 的理性消费者报告，近九成的美国消费者认为他们是理性消费者，更倾向于向生产高能效的产品、提升健康和安全福利、支持公平劳动和公平交易，并致力于环保事业的公司购买商品。虽然价格和品质仍然是购买决策中最重要的因素，但便利已经让位给了与社会更相关的因素——商品产地（44%）、能源效率（41%）、健康益处（36%），这些都被纳入到消费者的购买决策中。

我不擅长于做研究反驳这些观点，但是即使不是社会学家也能看出，上述这些结论里没有几个是准确的。半数消费者在购买袋装商品（从化妆品到清洁剂，从快煮米到刮胡刀）时，没有考虑可持续发展的问题（你的亲朋好友里，有半数是这样买东西的吗?）；四成在购物中心购物的消费者不太可能尽一切所能来改善环境。那么，还有九成美国人在面对地球的未来时，都是理性的消费者吗？拜托，我们大多数人连吃东西都没那么理性吧。

能指控这些市场研究人员是在漂绿吗？

如果你经营的是面向消费者的公司，这是非常有说服力的研究，或许有力到让你想要"绿"起来,不仅产品和服务要绿,整个公司也要跟着变绿,以便从消费者、员工和其他人那高昂的兴致中大发横财。不过你在这么做之前,或许要考虑一下,摆在我桌上的另一批研究:

■ 根据伊雷(Ipsos Reid)的研究,70%的美国人和64%的加拿大人表示,当公司说某产品是绿色的或对环境有益时,那只是营销的噱头。

■ 根据社会责任与消费者组织(Account Ability and Consumers Internatinal)的调查,只有10%的美国和英国消费者相信企业和政府告诉他们的全球变暖这个事实。尽管七成半的消费者关心他们的消费会如何导致气候变化,但要他们在家中做些大改变,却又无力执行。

■ 根据朗涛设计顾问公司(Landor Associates)的研究,64%的消费者无法说出一个绿色品牌,这其中51%的人认为自己具有环保意识。

■ 根据广告代理商Shelton Group的能源调查,虽然有63%的美国消费者表示非常关心气候变化和全球变暖,但有2/3的人表示他们并不知道大部分的电力是从何而来的。只有不到4%的受访者可以正确说出火力燃煤发电是导致气候变化的最大人为因素。

■ 根据扬克洛维奇(Yankelovich)的绿化报告,37%的消费者表示极度关心环境,但只有25%的人了解这个议题,而且只有22%的人认为在面对环境问题时他们能做出一些改变。

所以到底哪个才是对的? 民众是否会感兴趣并积极投入,用他们的消费、投资和求职申请来奖励环保标杆企业? 他们是否有足够的知识,并足够关心环保问题,以至于可以了解并欣赏贵公司或其他企业所想出的营销宣言? 这些问题,对于民众来说是否重要到值得突出重围,在充斥着五花八门的关注和需求,时间和注意力都受到限制的世界去关注它们? 或者消费者缺乏对环境问题和解决方案的了解,被各家公司数量庞大的绿色信息弄得头昏眼花,因而干脆放弃? 虽然许多信息似乎都可信，但也有几个看起来是不对的，最后一颗老鼠屎坏了一锅粥。事实是，我们并不知道哪些是真的哪些是假的。这才是问题的所在。

所以这些研究到底告诉了我们什么？最起码，可以看出两件事：

首先，消费者正在寻找对生活更负责任的方法，他们也希望企业（政府）能提供解决方案，告诉他们该怎么做。他们愿意做一些相对简单，一些不需要太多改变生活习惯（或者完全不需要改变），一些不需要增加额外费用的事情。他们想要得到公司的帮助，希望公司提供产品和价值方面的主张，让他们不仅可以了解到为什么某件事是真的对环境好，也能知道如果他们购买更绿色的产品，会给环境带来怎样的改变。他们需要一个简单的版本，只要几秒钟就可以说清楚的版本。

其次，仅仅变得环保是不够的。遗憾的是，在很多消费者看来，因为企业名气不好才导致了绿色产品的出现，如果没有其他证明，绿色产品往往被认为是比较差的。这意味着产品或服务必须要兼具环保以外的益处，要更便宜、更快捷、更白、更亮、更简便、更有效或者就是外形更酷。

换句话说，产品与服务不仅仅要更环保，品质还要更好。

这并不是说，争取成为绿色企业是在浪费时间，情况正好相反。有许多这样的故事，一些大、小企业将自己成功定位为绿色领袖，或者在销售产品（从汽车到化妆品）时，都以环保作为卖点。也有许多默默成名的公司，它们通过提升效率节约了大笔经费，只在公司内部夸耀。

尽管有许多市场营销人员和活跃分子长期以来一直期待着，绿色消费者的消费行为与他们对环境的关心以及其价值观保持一致，但是对于大多数企业来说，绿色经济困难重重，难以琢磨。对企业和消费者来说，这似乎是个令人失落的机遇。当更多的新材料、新技术出现，当企业家和大企业利用环保思维作为一个平台来创新产品、服务和企业模式时,就会有更多的绿色产品和绿色服务出现,而且在某些种类上会达到临界值。绿色企业正迅速从一场运动变为一个市场,从支流变成主流。

正在萌芽的绿色经济其市场潜力非常大,足以吸引一些重量级的公司:像沃尔玛和家得宝等零售商、高乐氏和宝洁等消费品公司,还有各大汽车制造商、能源公司、房地产商、银行、电脑公司等。数千家小公司也在给自己和旗下的产品与服务进行定位,来适应它们认为会日益壮大的市场(Address What They Perceived as a Growing Market Interest)。好莱坞、音乐大师和政客都在一旁煽风点火。而在线社交网络的力量势必会让这波浪声和兴致攀至最高点。

那么,消费者真的在乎吗?他们在乎!但在绿色关注和绿色消费之间仍有一道鸿沟。要将两者联系起来,还要更深入了解消费者的兴趣和动机,以及什么导致了他们不能言出必行?

29

第7章

少了我们还是会绿化

　　关于绿色经济有一个出人意料的事实，在过去二十年里，虽然消费者的态度有些矛盾，他们既有心改变购物习惯，却又怀疑公司在环保上的诚意，但是，我们周围的产品却变得越来越有绿色概念，而且这种变化通常不为民众所知。存在很多这样的情况，一些被证明有环保作用的产品却丝毫未提及自己是绿色产品。

　　原因何在？各种产业里的公司，在产品制造和物流环节中，都一直在努力提高效率，减少工程废弃物，降低毒性。很多公司都学会了该如何投入更少的资源去生产产品和提供服务。有些公司还以提高生产力和资源利用效率为名颠覆了商业模式。它们这样做，一方面是因为可以降低对环境的影响，另一方面是为了其中的商业价值。

　　造成污染的公司是无效率的公司。简单地说，废弃物就是企业购买的，却对消费者无直接价值，而且需再付钱才能摆脱的东西。换句话说，废弃物就是利益损失。在全球化的时代，公司竞相要成为高效率、低价位的产品和服务供应商，这一点也不意外。

思考以下五个通过随机取样得到的企业案例：

■ 安海斯—布希（Anheuser-Busch）研发出了重量轻33%的铝，降低了铝的使用量，再加上整个回收计划，每年可以为公司节省2亿美元。

■ 2006年到2007年间，诺基亚有约半数的电话采用了更小的包装盒，使得该公司省下了约1.5亿美元的包装和运输成本，而且包装也是由100%可回收的材料制成的。

■ 在过去的十年里，消费品巨人宝洁公司降低了帮宝适纸尿裤约40%的重量，包装材料更是降低了约80%，同时产品功能也提升了（以纸尿裤的锁水量和减少尿布疹的功效来衡量）。而且帮宝适也成为宝洁旗下最大的品牌，年销售额超过70亿美元。

■ 通用汽车（General Motors）一直齐心协力致力于减少组装环节中产生的废弃物。在20世纪90年代中期，该公司平均组装一辆车所产生的废弃物减少了86磅，也就是降低到了只有1磅，在部分工厂组装一辆车产生的废弃物甚至不到1磅。北美的8座组装工厂和全球的14座工厂都没有任何需要掩埋的废弃物。

■ 麦当劳去掉纸巾上的M型标志，使纸巾变薄了24%，这样每年大约减少相当于100个拖车的用纸量。

是什么原因让企业提升效率？动机全部都是为了节省成本、降低债务、增进社会关系并提升企业形象。这些对于企业来说，都是有价值的东西，但这些努力没有一个能在商品标签、手册、吊牌或广告中看到。安海斯—布希的省铝技术能提高利润，但能否给它的啤酒罐上赢得一个生态标签呢？通用汽车的零废弃物工厂让汽车更环保了吗？麦当劳的汉堡是否会因为比较节约纸巾而被纳入环保产品呢？

当然，在这些案例里，答案都是"可能不会"。二十年里，我听到的类似提升效率、降低废弃物的案例很多，这些只是其中一部分，但是多数公司的努力给环境带来了正面效应，可能远远超过了某些贴有绿色标签的垃圾袋、清洁产品、回收纸所宣传的效果，对地球更有益。

以下是截止到 2008 年年初的几个更有趣的大公司案例：

■ 沃尔玛和耐克是世界上最大的有机棉花买主。

■ 通用汽车是全球沼气电能的最大买主。

■ 英特尔和百事是可再生能源最大的买主。

■ 星巴克是全球公平交易咖啡最大的买主之一。

■ 宝洁是美国森林监管协会可持续砍伐认证木材的最大买主。

■ 麦当劳是回收产品的最大买主，每年至少花费 1 亿美元购买回收产品和材料。

同样，这些事实都不是要用来说明这些公司是绿色或者善良的企业。在大多数的案例中，相对于通用汽车总的能源使用量、星巴克总的咖啡采购量来说，这些"成就"所占比例都很小，但这仍然不失为绿色成就。如果这些企业认为它们的作为不会招来消费者和活跃分子的抱怨，它们肯定会对此大书特书。这些抱怨肯定不会像企业的那些成就一样，让大家吃惊和印象深刻。

这些因素使得消费者的处境更艰难了。有生态意识的消费者是应该考虑单个产品，还是应该选择在环保方面堪称楷模的公司，哪怕其中有些公司的产品并不是绿色的。是否有办法决定哪家公司才是最环保的？谁来评判，又该用什么标准？

公司不应该等待消费者和活跃分子想办法，而应该径直向前，无论这些努力是否得到了应有的注意。

不过在贵公司前进的同时，也应该关注消费者是怎么看待绿色经济的，知道那些五花八门的定义和世界观，以及消费者对环境的看法，了解想成为绿色企业的领导企业会面临哪些机遇和挑战。

Part 2

什么是绿？

绿色消费者的种种差异
我担心我们的环境
为什么消费者不走近绿色?
我们中的漂绿者
生态文盲与大自然缺失症
对我有什么好处?

如果你曾经花时间观察过绿色市场，那么我猜你八成已经头昏脑胀了。不过我不保证接下来的内容不再如此。

让人头昏脑胀的不只是每年有数十篇的研究报告，告诉你每年有相当多的消费者有兴趣，甚至迫不及待地想要购买绿色产品和服务。整个市场区隔也让人眼花缭乱，市场营销人员把民众分成一个个行为相同或者有类似属性以及态度的小群体。这些还无所谓，让人头晕的是，营销人员将这些资料作为他们推销产品，或调整营销策略的方式。

可以说，这些研究资料更像是提问而非解答。

多数绿色营销调查的问题在于，它们真正的价值必须要通过仔细研究这些资料才能挖掘出来。媒体的新闻稿和营销手册里提到的表面发现确实让人眼见一亮，但却并不是非常有用。许多公司甚至懒得深入地去了解绿色市场的奥秘。许多调查也不是很深入，只是为了制造新闻，为该公司提升知名度和做宣传（根据 2006 年××核能机构所做的调查，七成美国人喜欢核能。这可不是我编出来的）。

不过，多数研究都没有回答主要的问题：在什么情况下，消费者会购买绿色产品？很少有营销人员这么问，如果问了，他们很可能会得到相当有意义的答案。消费者会说："没错，我愿意购买绿色产品，但是有许多前提，包括：这些产品必须出自我认识且相信的品牌，在平常的购物店就可以买到，还要与我现在使用的产品质量一样好，不会要求我改变习惯，成本不会更高。而且，最好除了环保之外还有其他的优点，比如，更耐用、更美观、更省钱，或让别人觉得它很酷。"

前提真不少。简而言之，消费者想要购买绿色产品，但并不想做出妥协或牺牲，而且产品要确实对人和世界都有好处。

这个要求可真高，事实上，根本没有多少产品能完全满足这些条件。我们可以拿这些标准来与许多自称为绿色产品的声明进行对比，特别是在 20 世纪 90 年代，绿色市场方兴未艾之时。举个例子，一些早期定位为绿色商品的家庭清洁产品，是产自于一些默默无闻，而且营销网络也很差的小公司。很多时候，你要跑到特定的小店才能买到这些商品。这些商品要求不同于以往的使用习惯（例如，先把一些浓缩液倒入回收空瓶里，再加水稀释），有时候需要以不同的方式使用，而且可能会用到一些小技巧。产品通常价格较高，且有怪味。还有许多产品的效果也不如预期。

但事情已经不同了。有越来越多的产品产自规模更大、更主流的公司。这些产品经过了消费者的测试，营销人员组织的焦点小组讨论，科学家的分析，环保人士的考察，而且通过全国连锁来分销。在某些情况下，这些产品不仅可以与该类产品的领导品牌媲美，而且有时候它们就是品牌的领导者。

最后，绿色市场研究问题可以分成几个基本方向：这些研究是否反映了消费者真实的消费目的和消费习惯？这些研究是否反映出了消费者的自我认知（比如有爱情、有热情、负责任的消费者），不管这些态度是否体现于实际购买中。

答案可能都是：每种情况都会涉及。所以企业的挑战在于，在绿色希望远远胜过绿色习惯的世界里，怎样做才合理？你的策略是应该侧重于消费者愿意做的事情，然后祈祷你可以帮助他们挖掘出这份潜力，还是应该侧重于他们实际会做的事？

其他人，包括员工、供应商、媒体、股东、活跃分子等该怎么对待他们呢？你该如何迎合他们对绿色的不同定义，以及对贵公司环保成效的期望？你是应该做给门外汉看，还是该致力于关系到公司的品牌影响力以及创造价值的潜力的重要事情？你是应该迎合短期的期待，还是该为长期做准备，哪怕在这条漫长的路上你会承受一些财务负担？

简而言之，你是想引领市场，还是追随市场？

第8章

绿色消费者的种种差异

　　调查消费者对环境的态度和行为是一回事，但要把他们分类，描述不同类别中人群的特性，并预测他们的消费行为偏好，却又是另一回事。因此，许多公司会求助于所谓的市场区隔。

　　市场区隔是四十多年前公共舆论先驱、社会科学家杨克洛维奇（Daniel Yankelovich）所创。1964 年，他在《哈弗商业评论》（Harvard Business Review）中提到这个概念，认为消费者应该根据某种标准进行分组，而不是按年龄、居住地点、收入和其他传统人口学因素来区分，这样能帮助公司决定应该开发哪些产品，以及要如何营销。当时，杨克洛维奇声称："价值观、品味、偏好等非人口学特性，相比于传统人口学特性，更可能影响消费者的购买行为。"

　　1978 年，斯坦福研究院（Stanford Research Institution）的一群人让这个概念更上了一层楼，将价值观和生活方式（Values and Lifestyle, VAL) 这种商业营销工具引入市场区隔这个概念中, 运用九大心理学类型来区分不同的人, 并预测他们的行为。这项工具会考察消费者以往的消费史、对产品的忠诚度、购买更高端产品的倾向等, 这些都源于消费者的态度和价值观, 不同的态度和价值观导致消费者对特定的产品具有不同的看法。在价值观和生活方式流行之际, 其他公司都将自己的产品与之看齐, 比如, 卡拉瑞塔斯 (Claritas, 现在则属于尼尔森 (Nelson Company)) Prizm 的营销方法, 他将消费者分成 66 个都市化程度、社会地位、生活形态都不同的类别, 比如有小孩的年轻母亲、富裕的单身人士、财务吃紧的家庭、空巢人士、退休夫妇、单身者等。上网搜索就可以找到数十家提供统一分类服务或工具的公司。

市场区隔是在 1990 年被引入绿色世界的, 当时 GFK Roper Consulting 公司的前身 Roper Starch 公司引进了绿色测量, 这是根据 2 000 个左右美国家庭访问结果做出的环保市场区隔, 共分为 5 个部分。在绿色消费者行动方兴未艾之时, 这个广受欢迎也非常急需的工具, 让市场营销人士大开眼界, 了解到消费者也有千百种, 正如现在大家所知道的一样。绿色测量究竟帮助了多少公司制定和评估它们的环保策略, 这点不得而知, 因为在绿色营销的初期, 大部分绿色测量都是无效的。不过它再次强调了, 当美国民众用绿色眼睛看待消费和生活形态时, 他们也有不同的兴趣和动机。

按照该公司的说法, 美国居民可以分成 5 类:

■ 硬派绿色人士: 社会中最具环保行动力的一类人, 是真正的环保分子和领袖。

■ 付钱好办事的绿色人士: 愿意付更高的价钱购买绿色产品, 以此表达他们的环保意愿。

■ 墙头草型绿色人士: 较慢加入环保行列的观望者。

■ 不行动者: 那些不参与环保或者对环保问题不感兴趣的人, 往往认为这些问题太大，不是他们能解决的。

■ 漠不关心者：最不投入的一群人，认为对环保漠不关心才是主流。

2005 年，Roper Starch 将最后一群人改名为无动于衷者，不过其基本定义不变。

绿色测量的结论在这些年来并没有什么变化，通过比较 1990 年和 2005 年的数据，可以发现这 5 个类别的比例没有太大的变化。不过，2007 年，Roper Starch 改变了调查方法，将面对面访谈改成了网上调查。这时有趣的事发生了，消费者变得更环保了，而且环保了不少。从图 8—1 可以看出 2005 年到 2007 年，这两年内消费者的改变。

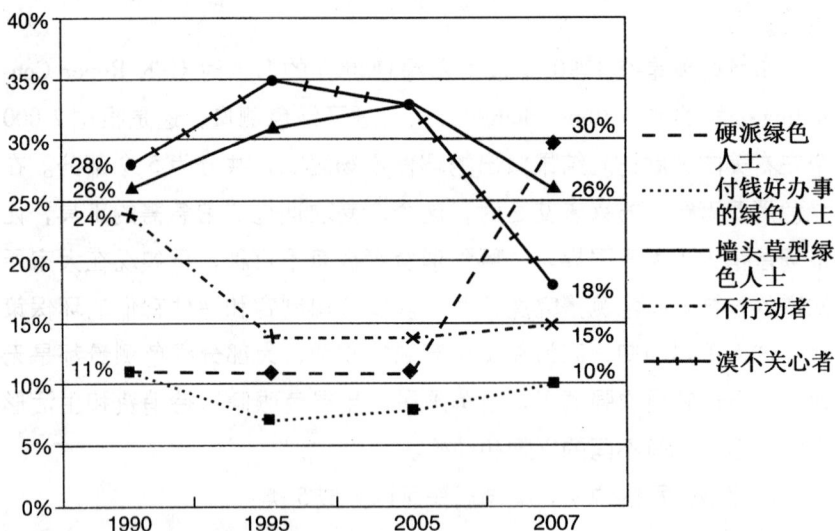

图 8—1　Roper starch 自 1990 年以来每年的绿色测量结果

图 8—1 显示了 Roper Starch 自 1990 年以来每年的绿色测量结果。请注意 2007 年 Roper Starch 将电话访谈变为网上访谈，结果也出现了剧烈的变化。

为什么绿色消费者数量在两年内倍增，从 20% 增加到 40% 。这是因为绿色意识出现了大跃进，还是因为政府和媒体更加重视气候变化，或者是因为奥斯卡获奖纪录片《不愿面对的真相》（An Inconvenient Truth）的流行？又或者是因为这些受访者现在不用当面受访，躲一边更真诚了，还是他们更会说谎了？

这点很难说，就连负责 2007 年 Roper Starch 调查的资深副总裁席恩（Kathy Sheehan）也不能确定。她指出，对于某些类型的问题，面对面访问和网上调查差异很小，而在另一些问题上，会出现显著不同。她说，最大的差异出现在某些行为问题上。例如，询问某人在酒类产品上的消费支出，网上调查或许能够得到比较真实的答案，因为受访者不用面对另一个人的监视。这两种方法都是采用匿名访问，所以受访者可以选择一个符合期渴望或者自我形象的答案。研究人员称之为晕轮效应（Halo Effect），也就是说，受访者会依据自己或他人的期待，来调整他们的答案，以符合他们给人的形象。在大多数情况下，他们会表现得比实际行为更有良心、更有责任感、更大方、更加关心环境。在面对环保责任行为的问题时，逻辑和经验告诉我们，人们会为自己带上更环保的光环。席恩说："我们知道人们其实言行不一，他们会说出自认为是正确的答案。"

这有什么意义？关键在于，尽管越来越多的调查研究探讨绿色消费者的心态和生活方式，但是问题仍然比答案多。在这么多优秀的市场区隔方案和名称中，鲜有公司能够正确描绘出消费者的环保态度，也不知道该如何制定一个面向市场的有效策略。

Roper Starch 的调查只是个开始。在 2007 年到 2008 年，许多公司开始了它们的研究，并且有各自的市场区隔。这还不算针对沃尔玛、宝洁、高乐氏等大公司的消费者和市场所进行的许多保密性研究。

哈特曼（Hartman Group）集团是一家位于西雅图的老牌市场研究公司，从 20 世纪 90 年代开始调查消费者的消费态度，主要是针对食品和有机食品的消费。2007 年，哈特曼公布了《哈特曼永续发展报告：了解消费者的看法》（The Hartman Report on Sustainability：Understanding the Consumer Perspective），探讨了"对于现在世界要努力地保持生态平衡以造福下一代，消费者有什么看法"。报告中把消费者分成以下几类，并引用消费者的话来代表每一类消费者的心态：

积极参与——"如果人们不团结起来采取激进的方法战胜主要困难，我们的未来将没有希望。"（36%）

持续乐观——"借助智慧和科学，我们可以战胜任何困难，而且会有一个美好的未来。"（27%）

天助我也——"如果我们把一切问题都交给上天来处理，事情该是怎么样就是怎么样。"（20%）

冷眼悲观——"拯救地球？想骗谁呀？我们连自己都照顾不好！"（9%）

务实接受——"我不担心现在世界面临的各种重大问题，因为那些都不是我能控制的。"（8%）

另一家市场区隔公司，是朗涛品牌设计顾问公司。2006年该公司公布的报告显示：58%的美国人认为"对绿色问题不感兴趣"（他们不关注对环境有益的行为，如回收、企业社会责任、天然或有机材料），25%的美国人认为"对绿色问题感兴趣"（关心环境但并未积极参加环保活动），剩下17%的美国人认为"有绿色动机"（认为公司应该成为绿色企业，并且会根据产品的包装、主要成分以及公司行为是否体现"绿色行为"来决定是否购买）。

2007年，朗涛又与佩恩、宝蓝（Penn，Schoen & Berland Associates）市场研究顾问公司以及凯维（Cohn & Wolfe）公关公司公布了另一个市场区隔报告《形象力量绿色品牌》（Imagepower Green Brands），把市场"绿饼"分成"翠绿"（最积极参与，也最抱有怀疑态度者，他们可能会要求公司采取环保行动——占34%）、"激动绿"（很可能根据表面现象进行判断而接受企业提出的绿色计划的人，他们认为这是踏出了正确的一步——占10%）、"伪君子绿"（喜欢谈论绿色问题，但一点也不肯改变消费或生活习惯的人——占26%），以及完全不参与的人即"一无所知绿"（19%）和"暗绿"（11%）。

后来，市场区隔的鼻祖杨克洛维奇成立了杨克洛维奇公司。在该公司2007年的研究报告《走进绿色》中，他详细描述了其市场区隔，把它分为"热心的绿"（占美国人口的13%，或者说超过3 000万消费者）、"说说的绿"（占美国人口的15%）、"跨步的绿"（占美国人口的25%）、"小步的绿"（占美国人口的19%），以及最大的一群"不绿"（占美国人口的28%），每个类别都有相当多的数据和心理分析。

杨克洛维奇的区隔是同时根据消费者态度和实际行为划分的，不同于其他一些仅依据消费者态度所划分的区隔，这就有趣了。该研究指出，绿色的态度和行为通常不一致，所以不能从绿色态度来预测绿色行为，而绿色行为通常也不会伴随着绿色态度。例如，"小步的绿"这类消费者表示，他们会比"说说的绿"这类消费者花更多钱购买绿色产品，但是言行却并不一致，他们买的绿色产品比后者要少。

让情况更复杂的是杨克洛维奇所说的"胡说指数"，这是杨克洛维奇本人提出来的，已经有超过25年的历史了。它能度量消费者对丁某个问题的态度坚定程度，也就是消费者觉得自在，并确定知道自己内心所想的程度。

杨克洛维奇发现，每每提及环境，分歧总是很多。"大多数人并不能明确地说出对环境的看法"，杨克洛维奇的总裁史密斯（Walker Smith）说，他们可以用一个晚上来回答民意调查，但那并不意味着他们会深入地谈论或了解这些事情的成本和后果。即使是全球变暖这些广为讨论的话题，意见的分布也不是非常稳定。

史密斯解释说，绿色营销的现实对传统营销知识是一个挑战。他引用了哈佛商学院营销大师李维特在20世纪70年代中期说过的话，

"人们买的不是商品，是解决问题的方法"。因为大部分消费者不认为环境是个问题，绿色营销者一定要多花一番工夫，不仅让民众知道环境是个问题，还要让他们真正关心这个问题。例如，史密斯指出，如果你想要改变"不绿"或"小绿"消费者的行为，增加他们的知识根本没有用。他说："这严格来说，就是要让环境变成个人问题。不绿或小绿消费者最可能认为媒体是危言耸听。"

杨克洛维奇的某些发现令人震惊。例如，37%的消费者很关心环保问题，但有25%的消费者认为自己很了解环保问题。只有大约20%的消费者认为，个人之力可以改变环境。

或许市场研究来源于乐活市场（LOHAS），这是健康和可持续生活方式的首字母缩写。这个市场包罗万象，有另类医疗、健身、冥想、可再生资源、替代燃料汽车、绿色家庭用品、有机天然食品、生态旅游、绿建筑、社会责任投资、维他命、补品等很多。根据 lohas. com 网站所说："被这个市场所吸引的消费者通常被认为是文化创意者，而且人数众多。现在约有16%的美国成年人，相当于3 500万人，被认为是乐活派消费者。" 这个网站还说道，根据自然营销研究所（Natural Marketing Institution）所做的调查保守估计，全美国的乐活市场约有2 090亿美元的规模，而且还在不断增长。

提出"文化创意者"这个词的社会学家保罗·雷（Paul Ray）表示，这个词是用来形容走在社会变革尖端的人的。他解释说："文化创意者的价值观不同于曾经主导美国的次文化。他们对新的产品和服务很感兴趣，倡议以出乎意料的方式回应营销和广告。如果能够满足他们的需求，这将是极具价值的市场机遇。"

"文化创意者是非常谨慎且消息灵通的消费者，他们不会冲动购物，"雷建议营销人员说，"他们会相互交流你的产品的优缺点……在决定买汽车、房子和家具等大件商品时，他们的价值观和生活方式将起到至关重要的作用。"

他得出的结论是：本质上，对于文化创意者而言，拥有最多不见得就是赢家，重点在于要有一个有意义的人生。

"乐活"一词可以追溯到20世纪70年代中期的天然产品工业。当时该产业正在研究对天然产品感兴趣的消费者之间有怎样的联系。他们有什么共同特征？这些市场该如何有效地瞄准更大的市场？在乐活市场，锁定相似消费群体的不同产品和服务的营销人员可以共享资源。现在，我们有兼具娱乐性和启发性的乐活杂志和年度会议。乐活迷、健康大师、西装笔挺的福特汽车或戴尔电脑销售经理、身着非洲服装和T恤的创业家们一起参加研讨会，这些创业家卖的东西从能量棒到再生能源，应有尽有。

顶尖的乐活市场研究公司——自然营销研究所将市场分为以下几个区隔：

乐活派（占美国市场的16%）积极参与环保和社会问题，总是想办法做更多的事情。他们希望企业多承担责任，少关心价格。企业的名声影响他们对品牌的选择。这些人也很可能广为宣传他们认为好或不好的公司。

自然派（占美国市场的24%）主要担心他们个人的健康和养身问题，所以会使用相当多的天然产品。他们不太确定能做什么来保护环境，然而他们确信企业应该保护环境。这些消费者很可能钟情于那些他们认为做好事的公司。

传统派（占美国市场的20%）比较实际，也知道他们行为的后果，所以他们会回收并节约资源。他们知道有时候多花一些钱购买节能或节水的产品是有意义的，因为长期看来这样可以减少水电费。他们希望公司是善良的环境管家，但通常不愿意改变品牌选择来奖励或惩罚那些好或者坏的公司。

随波逐流派（占美国市场的20%）并不是非常关心环境，认为环境问题以后会得到解决，这些人只有在事情直接影响到他们时才会关心环境。虽然他们不会购买许多绿色产品，但却知道环保是潮流，所以他们喜欢被人看到出现在全食市场（Whole Food Market）这类有机超市，或者其他与环保相关的地方。

漠不关心派（占美国市场的20%）更关注其他的事情。他们不知道现在能买到哪些绿色产品，也没兴趣一一寻找。他们会根据价格、价值、质量和便利性来购买商品，而不愿意为公司的环保行为多付钱。

自然营销研究所指出，乐活派消费者才是行动派。他们思想前卫，也是引领潮流的人。他们是早期的探索者，最有可能购买有健康或环保概念的食物、时尚、汽车、化妆品或其他产品。自然营销研究所总裁弗兰奇（Steve French）说，他们并不像一般人想象中那么富裕，他们甚至不是那么的物质主义。对于真正的乐活派消费者来说，买混合动力车不一定就是有意义的，真正的乐活派消费者会说："我会住在市区，以降低我的碳足迹，或者是搭乘大众交通工具，就是这样。"

虽然乐活派有反文化的倾向，但他们并不是激进的民众。2006年乐活派消费者趋势资料库（2006 LOHAS Consumer Trend Database）请美国消费者根据公司在可持续发展和环境方面的贡献来排出前五十名公司。前十名分别为：微软、Whole Foods、家乐氏（Kellogg's）、麦当劳、家得宝、迪士尼（Disney）、联合包裹服务（UPS）、可口可乐、星巴克和百事公司。这些公司不见得就是你认为的那些环保标兵。

不过通过乐活来看市场是有意义的。弗兰奇说："我能凭经验告诉你，从策略层面来看，它是有用的，我们也正在帮助客户制定策略。这对刚成立的小公司有用，对财富前十强的公司也有用。从绿色建筑到运输、到袋装食品，再到可再生能源，这些策略对很多种产业都有用。"弗兰奇这么有信心是因为，越来越多的公司利用乐活数据，而且乐活意识正在全球燃烧，特别是亚洲地区。例如日本，就有乐活商店。一份2005年的研究显示，15岁以上的日本人中，有22%认识"乐活"这个词。在日本，有乐活商业联盟，还有几本探讨这个主题的书。我们可以说，乐活正在日本流行。在中国台湾、新加坡、韩国、澳洲和新西兰等地，情况也同样如此。根据莫比恩集团（Mobium Group）2007 年的《乐活生活》报告，乐活在澳洲每年有 120 亿美元的市场。新加坡旅游局对亚洲游客宣称自己是乐活城，主要指的是城里的 Spa 水疗、美食和休闲景点。不过在这里"乐活"的含义可能被扭曲，指的是好的生活而不是绿色生活。

* * * * *

那么，我们该如何看待这些市场区隔报告中的结果呢？这些研究真的有助于品牌经理人调整产品、包装营销信息以及其他产品推广方面的复杂细节吗？很难说。不过这些研究确实清楚地说明了一件事，我们亟待优化乐活市场。因为除了人数相对较少的乐活族和其他熟悉当代时事和环境信息的民众（别忘了有 82% 的美国人没有读过戈尔的书，也没看过他的电影），多数的消费者还是完全不知道怎样过绿色生活。

民众环保意识的缺乏也影响到企业发展。考虑 2006 年朗涛研究报告得出的两个结论：

■ "消费者或许对绿色有兴趣，但说不出所以然，66% 的美国人无法指出公司该怎么做才能变得更环保。"

■ "2/3 的消费者无法说出哪家公司是绿色企业，对于怎样的公司才是绿色企业，他们也存在认知上的差异。"

很难懂吧？我敢肯定你已经眼冒金星了。了解许多消费者对环境的态度，你会觉得我们可以教育、激励他们在生活中做出更好更环保的选择。但情况是，企业并没有很好地教育这群消费者。幸好有前面的那些调查数据，不然各企业误以为市场已经蓄势待发，消费者已经准备好接受它们公司的产品还有各式各样的绿色提议。但事实上，不管是经验研究还是实证研究都显示事实并非如此。消费者需要的不只是启发，他们需要信息以及更多重要的背景，才能完全了解一个更环保的产品如何能够有益于他们自己以及整个世界。

最重要的是，在通向绿色世界的过程中，没有一刀切的营销策略。这看起来似乎是常识，但是大多数营销人员却并没有意识到这一点，仍然坚持推出各式各样模糊的、技术性太强或者是像杨克洛维奇所说的，胡说的营销策略。

为了便于记录，以下是我做的不科学的市场区隔，这完全是根据直觉、常识以及20年来对绿色市场的观察。跟其他市场区隔一样，我也把消费者分成5种：

■ 决心派：知道该做什么，也常付诸行动。
■ 矛盾派：知道该做什么，但通常懒得去做。
■ 开心派：想知道该做什么，但不知道。
■ 迷糊派：不知道该做什么或者怎么改变。
■ 冷眼派：不知道也不关心该做什么。

当然，我们中每个人，因为时间不同、心情不同、购买的商品不同，都有可能成为这5种中的任意一种，或者是5者兼具。

第9章

我担心我们的环境

　　企业在环保领域里遇到的沟通方面的挑战是既简单又复杂的。例如，大多数猜测消费者环保态度的研究显示，有很大比例的人（一般是八成）表示，他们很关心地球的健康。但是，这真正意味着什么呢？

　　有很多种。

　　在 20 世纪 90 年代中期，顶尖企业策略创新顾问谢尔顿（Robert D. Shelton）尝试过分析这个看似简单的态度"我关心我们的环境"。那时，谢尔顿正在研究公司里环保派和业务派之间的分歧（从文化上来说，相比于业务派，环保派与公司管理层有更多的共同点），以及因公司内部对环境问题缺乏共同语言和认识所错失的商机。这导致公司无法有效地与员工、消费者以及其他有利益关系的人沟通环保问题。

　　作为研究的一部分，谢尔顿调查了约 900 名加州居民，来评估他们关心环境的程度以及本质。调查在 7 个县进行，各个县的地理状况和经济状况都有差异，调查中使用到了英语、西班牙语和汉语。与其他研究结果一样，人们都表示了对环境的关心（90%）。但是真正的内涵却大相径庭，这要看调查对象的居住地和生活方式。

第一群人说"我很关心我们的环境"，指的是全球性问题：气候变暖、物种消失、臭氧层空洞、热带雨林消失等。

第二群人关心的是与本地和生活质量相关的问题：空气和水的质量、郊区蔓延、居住地附近的绿地消失等。

第三群人所关心的环境问题，则是空地和荒野越来越少，让他们越来越难打猎、钓鱼、游泳和划独木舟。

对第四群居住在市区的人来说，环境问题指的是犯罪、脏乱、噪音、涂鸦和哮喘。

"人对环境的态度与其居住地有关，"谢尔顿对我说，"地理和文化因素会严重影响人们对什么是重要环境问题的认识。如果每个人所认为的环保和环境管理问题都一样，那么将无法分清先后顺序，决定该如何行动、分配资源并进行有意义的讨论。"

当然，这四群人并非相互排斥。住在郊区的富人和生活没那么富裕的都市人也同样可能会关心全球、区域、户外或市区的环境问题。而且，谢尔顿的这四个环境维度可能只适用于相对富裕的国家。发展中国家的居民或发达国家的土著居民对于环保问题可能会有别的看法。

谈论环境问题，一点也不简单。贵公司需要通过较为集中的、细致入微的信息和沟通方式，来确保你的环保策略和信息不是一成不变的，还要确保贵公司对环境的关心与你的员工、消费者以及其他相关团体的态度保持一致。

第10章

为什么消费者不走近绿色？

很难理解环保团体为何仍然有如此大的影响力。现代环保运动诞生已经快四十年了，主要的非营利组织所召集到的人数只占总人口很小的一部分，仅仅约 1% 的美国人加入了环保团体。环境对我们的健康、家庭、社会和地球都存在着巨大的潜在影响，这些人数看起来似乎太不起眼了。

也难怪年复一年，在人们所关心的话题中，环境问题总是排在末尾。这也解释了为何积极地环保候选人不会以此作为竞选宣言，以及为何保守派政客总是一意孤行蹂躏这个星球却不受惩罚。

有个名为生态美国（EcoAmerica）的非营利组织，自称是第一个拥有消费营销专家的团体，想要改变这一切。他们投入 50 亿美元进行市场研究，并自认为有跳出框架的思维，试图要让对环境无知的消费者也能支持绿色主张，让绿色成为个人和公共政策首先要考虑到的因素。

在 2006 年和 2008 年,生态美国和 SRI 顾问公司共同进行了一项有 240 道题的邮件调查,以此测量民众的环保态度,包括环境的重要性、环保方式、他们在环保中扮演的角色等相关问题。该研究利用前面提到的价值观和生活形态分类系统来区分消费者。原本这项研究是为了帮助环保组织做宣传,但其结果对于任何想要处理个人与环境问题的组织来说,都相当有价值,比如:

■ 关于环保意识的含义和怎样保护环境等问题,并没有共识。从范围上来看,人们所关心的环境问题相当广泛,从全球问题到本地问题都涉及到了。人们的知识、观点和兴趣不同使得环保工作很难取得公信力,更别说在多数环境问题上达成共识。

■ 自由派的价值观胜过共同的价值观。经济政策研究所(Economic Policy Institution)的伯恩斯坦(Jaren Bernstein)曾经说过,"同舟共济"和"自力更生"这两种截然相反的思维方式都会影响政治和环境(语言学家拉科夫(George Lakoff)也说过,自力更生、对自己负责的保守派与强调关怀、同情心、合作和成长的自由派也有类似的分歧)。环保社群(还有多数的绿色营销者)都会倾向于"同舟共济"的环保理念,与半个世纪以来一直秉持"自力更生"环保理念的共和党大相径庭。很明显,市场需要更有利的营销手段,把人当作保护者,并强调个人保护家庭、社会和地球的责任。

■ 环境的复杂性让人们心有余而力不足。在现代环保运动的初期,环境问题是很容易被理解的。例如,A 公司向河里倾倒废弃物。你看得到也闻得到,这种行为对环境的影响是局部的、即时的,急性的。当今最大的环境问题,不论是气候变化、物种灭绝还是鱼类资源枯竭,都是另外一种问题:它们都是隐性的、全球的、长期的而且是慢性的。许多环境挑战都涉及多个阶段:例如,干旱迫使某物种迁徙,又引起连锁反应导致森林资源枯竭。这些因果关系都很难理解,连知识分子常常也是一知半解。因此，活跃分子和营销人员要避免高谈阔论，也不能期待人们为了明天的环境效益，今天就做出巨大的行为改变。重点在于要向人们展现环境问题对于个人、家庭和社会带来的成本，并让人们知道，通过一点一滴简单的行为方式转变，是能够解决这些环境问题的，当然前提是这些行为的确是现实的。

■ 钱包环保主义力量大。从消费者行为（不是政治行为）着手，可能比较容易让人接受，改变有害于环境的行为。与纯环境的诉求（通常会遇到从无知到冷漠等各种反应）不同的是，任何会影响到个人钱包的事，都容易立刻被人理解，并引发人们的担心。遗憾的是，任何可能省钱的产品、行为或措施都会比拯救地球更能激励人们行动。

营销人员和传媒可以尝试帮助消费者了解对环境有害的产品和服务，比如白炽灯泡、高能耗汽车等，会带来多少隐性成本。老实说这并不容易（但通过指出竞争对手的缺点来增加自己的销售额更困难），但这却能拉近消费者与环境的距离。

生态美国发现，即使是对环境最具同情心的消费者也有竞争优先权，以至于环保主义会受到反科学、反知识态度的阻挠；男性和女性的环保顾虑也不同，这给试图向消费者传递环保信息的人增加了挑战。

生态美国表示，重点在于我们的形象有问题。环保主义者似乎是与大多数人脱节的。的确，许多消费者认为环保运动是传统的、过时的，与当前的社会有些脱节。

所以，问题明显在于：如果消费者认为环保主义者不食人间烟火，那他们又会怎样看待你的绿色商品？会不会抹黑了贵公司？

第11章

我们中的漂绿者

　　近几年绿色经济的发展让大家重新注意到"漂绿"，用监察组的话来解释，"漂绿"就是企业的一种行为，这种行为可以使它们看起来比实际更环保。其实有更多的监察也不全是坏事。在没有政府监管的情况下，我们一般人（不论你是顾客、竞争对手、员工或者是其他人）都是绿色警察在博客、维基百科、社会媒体以及传统抗议和新闻稿的帮助下，不同的活跃分子都在行使着宪法赋予他们的权利，表达他们对这个问题的看法，并尽可能向外界传播。

　　这算是祝福还是诅咒呢？可能都有一点。首先，这个问题没有一致的答案。英国石油、沃尔玛，或者通用电气的绿色措施让它们成为了善良的绿色领袖，还是恶毒的漂绿者，这两种说法都有热情的支持者。

　　对于想成为环保领袖的公司来说，保持高标准是件好事，不过我总觉得这其中还是有些伪善，因为我们对公司的期待会比对自己的期待高很多。当我与企业界人士谈论这个话题时，有时候我会做一些非正式的调查，看看听众私底下是怎么做的。例如，有多少人开混合动力车或坐公交，或者仅仅很少开车去上班；有多少人使用有机或低能耗的园艺产品或技术；有多少人使用本地生产的产品；有多少人会在家采取基本的环保节能措施，比如安装节能灯泡和家电、节水装置、隔热和防水设施等。

某些听众在自愿回答的问题上表现得很犹豫，即使是在最热情的群体中也只有一部分人采取了稍微多一点的环保行动。也就是说，我们之中其实没有几个人会大费周折地做出改变，虽然我们都知道这些是应对环境挑战的必要措施。

当然，这个不太科学的研究其价值有限，但却提出了一个我们无法回避的问题——为什么大多数人都不愿意去做那些他们要求企业去做的事？

我猜在你读前面那句话时已经为自己想好了答案："很难把每件事都做对"、"要花太多的时间和太多的钱"、"我想这样做，却没有机会"、"我的另一半/朋友不觉得我们应该对环境负责"、"我不确定哪些产品或公司是真正好的"、"我不确定，如果我真的做了这些事，情况就真的会好转吗?"

这些字眼看起来有些眼熟吧，这样会让你成为恶毒的公民吗？可能不会，即使是理性的人也不会认为你是恶毒的公民。

我们只需要稍微修改一下前面的陈述，这些答案就可以成为公司的说辞了。在我多年来与各大、小企业的沟通的过程中，我发现它们也觉得把每件事都做对很难，有时候就连做对一件事都不太容易。虽然它们的本意是善良的，但总会有其他的一些需要优先解决的事。也可能是因为竞争对手和商业伙伴都没有什么绿色作为，而且环保先锋的路走得实在太孤寂，还有可能成为众矢之的。而且商人们通常会想，一个小小的公司又能给环境带来多大的改善呢？

　　我绝对不是说企业这样就可以过关。企业以及我们所有人都需要坚持高标准。但这又会引出一个我曾经问过、听过，而且在过去几年中也有数百人讨论过的问题：公司怎样做才算是绿色企业。如果被贴上绿色名企的标签，那么企业在政策、计划、表现和进展上所需要的最低标准是怎样的？企业要做到多好才算够好？企业要做到多好，市场才允许它们以绿色自称，而且不会遭到旁人的嘲笑和谴责？

　　对于这些问题，我没有答案，也没有人知道该怎么回答，这就是问题的所在。在企业推出不计其数的活动、宣传、产品声明和消费者绿色妙招时，我们无疑会看到越来越多对"漂绿"的指控，控告企业声称自己有绿色思维，却一点也不完美。在我们阅读这些故事，或许还在一旁大声叫"好家伙，抓到这些坏蛋了！"时，或许我们该用几秒钟来反省："我真的尽力解决那些困扰我的环境问题了吗？""我是说一套做一套吗？""朋友会认为我是在漂绿吗？""我是严于律己、宽以待人的人吗？"

　　在这个过程中，我们可能会认识到，即使本意再善良，我们每个人也都有点"漂绿者"的味道。

第12章

生态文盲与大自然缺失症

　　按照常理来说，只要真正了解某件事的人越多，就越能产生有用的意见和决策。而在环境文盲的情况下，我们的无知真的会伤害到我们。这也是为什么关于生态文盲的研究会如此低调。

　　不妨看一份 2005 年美国坏境教育基金会（National Environmental Education Foundation）所做的研究。这个非营利机构由美国国会特批成立，旨在推广各种形式的环保教育。当时的总裁科伊尔（Kevin J. Coyle，现任全美野生动物联盟（National Wildlife Federation）副总裁）所主持的这份报告，分析了近十年来关于美国环境文盲的研究。与其一同合作的还有 GFK Roper Consulting 旗下的 Roper Starch 公司。

　　这份报告的重点在于"多数人积累了各式各样又毫无联系的浅薄假说、（有时是不正确的）原则、看法，但很少有人真正地了解环境问题。研究指出，多数美国人认为他们对环境所知甚多，但实则不然"。

可以说，任何公司想要与客户、供应商、员工或是民众谈论环境问题，都会存在困难。

根据科伊尔的调查，大约有 4 500 名受访者认为淡水来自海洋；1.2 亿人认为喷雾罐仍含有破坏臭氧层的氟氯烃（CFCs），但其实 CF-Cs 从 1978 年开始已禁止使用了；还有 1.2 亿人认为纸尿裤是垃圾掩埋的最大问题，但其实纸尿裤仅占垃圾掩埋总量的 1%；还有 1.3 亿人认为水力发电是首要的电力来源，但其实水力发电仅占总发电量的 10%。

远不仅如此。科伊尔说，只有少数人了解空气和水污染的首要原因或这些问题的解决方法。而且他多年来的研究发现："即使是社会上受教育程度最高、最具影响力的人也表现出了对环境问题的无知。"

科伊尔认为造成这种无知的原因部分归咎于家庭专家兼作家勒夫（Richard Louv）所称的，我们患有"大自然缺失症"，也就是说，年轻人与自然、户外的关系出现了史无前例的模式改变。科伊尔说："所有的孩子都变得更宅了，远离了健康且能舒缓精神的户外活动。在电子产品、网络的诱惑以及父母努力想让孩子呆在家（因为他们觉得这样比较安全）的综合影响下，孩子在户外玩乐的古老模式已经消失。"

（为了应对大自然缺失症，美国参议员瑞德（Tack Reed）和众议员萨班（Paul Sarbane）在 2008 年提出"小孩不在家"法案，立法强化并拓展美国教室里的环境教育。这个法案提供联邦基金，让每个州培训教师开展环境教育，并实施模范环境教育计划。但截止到 2008 年年中，法案仍在讨论中）

科伊尔和其他研究者都发现，有环保知识的人比其他人多 10% 的可能性会在家节约能源或购买环保安全产品，多 50% 的可能性会参与回收或不使用化学药剂喷洒草坪，多 30% 的可能性会更节约用水，而且向保护机构捐款的概率也是一般人的两倍。

科伊尔倡导"环境文盲指数",试图把获取更多资讯及环保知识的社会价值予以量化。他粗略估计了环保知识提升能为全国省下多少钱后,举了以下几个例子:

■ 美国能源部估计美国家庭每年用电支出为 2 330 亿美元。环保知识提升可以让家庭用电节约5%,一年可以省下 115 亿美元。

■ 同样的,每年的汽油支出为 1 370 美元,占石油消耗的一大部分。通过提高燃料效率、改善驾驶习惯,人们可以节约5%的汽油,每年省下近70 亿美元。

■ 国内用水可以节约5%,可以省下 142 亿美元和无数吨的水。

经济学家和其他人或许觉得这样的计算太过简单,如果算得更精细一些,肯定能得出更精准的数据。不过,这却得到了一个不可避免的结论:只要逐渐增加民众的环保知识,让广大群众做出小小的改变,也许会对经济、环境和公共卫生带来巨大的正面影响。用商业术语来说,增加民众在生态知识上的投资,可以带来相当大的利益回报。

当然,问题在于谁要揭竿(而且花钱)而起拓展民众的生态知识?是政府、公司、学校还是活跃组织团体?这些机构都扮演着不同的角色,而且都能受惠于一群有知识的民众。

更具生态知识的民众对贵公司来说有什么价值?如果你的客户或潜在客户更了解个人生活所带来的环境影响,并开始将知识转化为行动时,贵公司又能获得什么好处?你所销售的商品会是问题还是解决方案?

第13章

对我有什么好处?

被誉为大师的哈佛营销学教授李维特有句名言:"人们不想要0.25英寸的钻子,他们想要0.25英尺的洞。"李维特的观点是,通常人们买东西是因为他们有需求或欲望,需要解决方案或者是得到满足。洛杉矶研究中心的创办人之一劳文斯,是位节约能源、提升效率的先锋创新者,他也表达了同样的心情:"人们不想要燃油或冷却剂,他们想要冰啤酒和热水澡。"也就是说,人们感兴趣的不是产品,而是这些产品所带来的好处。

谈及环境,很少有人是怀着"拯救地球"的思维而行事,尽管许多营销学专家似乎都这么认为。人们想到最多的还是:舒适、安全、可靠、美、财富、地位,以及享乐。

但是,有太多拥有绿色思维的公司最后还是只卖0.25英尺的钻子,并且解释说:

■为什么这个世界会需要它们的钻子("北极熊快要灭绝

了!","自然资源要枯竭了!")

■ 钻子的好处("所使用的能源较少,排放较少的毒物","可以回收,所以最后不用送去垃圾场掩埋")

■ 钻子的技术成分("100% 用植物和矿物原料制成","使用的能源比竞争对手少 20%")

■ 钻子里面不含什么成分("不含石油、人工染料和防腐剂")

■ 为什么胜过竞争对手的钻子("回收原料比例居市场之最","在任何有机产品商店都可以买到")

■ 如果每个消费者都购买这款钻子而不是竞争对手的钻子,对地球会有什么好处("能减少温室气体的排放量,相当于减少 135 000 辆汽车的尾气","我们会省下 11 000 000 加仑的水、230 英亩的树,还有足够一个小镇使用 1 个月的能源")

什么都谈了,就是没有谈到 0.25 英寸的洞,没有谈及这个产品怎样帮助我们完成任务,不管你的任务是打扫房间、把我从甲地载到乙地、消除我的饥饿,或者是让我觉得更有吸引力或更酷。

很多的环境策略和营销方式似乎都与大多数人的生活脱节。的确,研究显示许多消费者认为环境运动是传统的、过时的,而且是与当前社会脱节的。

或许这有些讽刺。我认识的很多环保主义者都认为,他们比其他人更了解世界的情况,但这也并没有带来什么正面的影响。数以百计的父母还没有意识到气候变化和渔业损失会威胁到孩子的未来,他们也不会因为看了最近的科学论点或论据就有所信服。他们不会因为某个商品说未来它有可能解决环境问题,就购买该产品。他们想知道的是:现在这对我有什么好处?

那么,听好了:多数消费者或许浅薄、自私自利、一点也不成熟,但他们也是我们的邻居、同事和亲友。而且他们可能是你的客户、顾客或是员工。如果想让他们采取更环保的行为或动作,就得谨慎且有创意地处理绿色经济中所有严肃的事实：发展中国家的大多数消费者只扫自己门前的雪。这还只是轻描淡写。他们真正想要的是安全且更干净的世界、舒适快乐的生活。每天忙于工作、家庭、财务和其他事情，多数人根本懒得想更远，比如改变社会习俗、政治局势、家庭价值观，或者是地球衰竭的命运。这些事当然很重要，但对大多数人来说，他们会先求过了今天，之后再谈拯救地球。

消费者觉得，跳上运动型多用途车，到不顺路的几公里外去买他们最爱的回收厕纸，一点也不讽刺。他们不知道的是，一来一回所造成的环境影响可能会超过他们费心张罗绿色产品所获得的收益。

我们想要鱼与熊掌兼得：不造成污染且善待员工的公司生产便宜产品；享受奢华却不要罪恶感；开着安全、宽敞、有质感又不耗油的汽车；赞成设置风力和太阳能发电厂，但请不要设在我家旁边；可以解决复杂问题的简单策略；不改变习惯就能改善环境。

从技术上来说，有些想法是可行的。未来有一天车辆可能都以阳光和氧气为动力，只排放空气和水；我们可能会让发展中国家的工厂环境变得更干净舒适，因为这些工厂为我们生产超便宜的商品，而且不涨价。我们可能会重新建立一套制造系统，可以使用可再生能源并且采用封闭式系统，减少烟囱、污水管和垃圾。我们甚至可能抑制疯狂的消费，用某种方法决定购买多少就已经算多了，少数人的奢侈行为会对我们所有人造成危害。

我们走向更环保、更干净的道路是漫长且艰苦的，每个路口都会遇到路障、减速牌或许还要绕路。绿色这条路更像是演化，而不是革命，我们可能永远也到不了所谓的永续发展境界，无法用我们原有的方式继续生活，且同时保证其他人也能过着高质量的生活。

但是，我们还是会去尝试，而聪明的公司会在这个过程中蓬勃发展。

Part 3

多好才算够好？

有效率的市场需要规则、公约与标准。从公认会计准则（Generally Accepted Accounting Principles，GAAP）到电脑的 USB 插孔，再到红、黄、绿交通信号灯，这些都在不知不觉中成为了我们日常生活必不可少的组成部分。

以这个标准来衡量绿色市场是缺乏效率的；市场上没有几个标准（不论是隐晦的还是明显的）可以用来判断哪些企业是绿色、可持续或是对环境负责的，而要判断产品与这些服务的性质，就更难了。

这是个大问题。缺乏定义，任何事物都能被当成是绿色的。从石油公司、核电站、化工厂到保险公司，以及从地毯到汽车零件的各种制造商，都喊着自己会对环境负责。其中有人或许真的做到了，但这却无从得知。

由于缺乏标准，多数公司也不知道该如何回答"多好才算够好？"这个看似简单却困扰着许多公司的问题。一些主动采取环保行动的企业担心自己还不够完美，而且可能做得还不够，所以为了避免引来无谓的关注，它们不愿意公开谈论自己的所作所为。再怎么说公司又没被消费者、活跃分子和好事的记者盯上，何必自找麻烦卖弄自己良善的绿色行动呢？毕竟，刚开始就谈论自己做对了那些事，反倒可能会暴露出还没做对的事，甚至可能暴露出一些民众其实并不知道的问题。这就直接导致了许多公司停滞不前。它们无法交代自己迈向顶尖环保企业，或至少成为"良好"的企业之路已经到哪个阶段。这也就意味着它们丧失了将这些努力转换为竞争优势，并告知消费者和世界的机会。

另外有一些公司反其道而行之，它们宣传小的、较不重要的进展，不管这些努力是到了真的值得大加赞赏的地步（也就是它们是否真的够好），还是只是试图将不起眼的公司与产品"绿化"。许多这么做的公司反而让自己成为活跃分子或媒体批评的箭靶，成为当前和未来消费者讽刺的对象。

贵公司"够好"吗？当然够好了，但是真的吗？

第14章

标签的真相

从 20 世纪 90 年代初以来，不少营利与非营利组织一直试图定义哪些做法是对环境负责的，哪些不是。这个想法有个暗含的假设是：若能设置一个被广为接受的标签，就能把消费者引导至那些有益于环境的公司与产品中去。

这里所需的是一种适用于环保的标签，类似于优质家用品标签（Good Housekeeping Seal）。优质家用品标签于 1909 年推出，当时还没有监督消费产品的规范，所以这个标签其实是一本同名杂志做出的大胆营销保证：如果获得标签的产品在两年内被发现有缺陷，杂志社将会负责换货或退还采购费用。

讽刺的是，优质家用品标签的模式不可能召集到太多环保活跃分子加入，因为它必须付费才能参与：要在《优质家用品》（Good Housekeeping）杂志上登广告，一定要获得标签；要获得标签，就一定要在杂志上打广告（而且通常要同意购买最小限额的广告页数）。不过，将应用了一个世纪的优质家用品标签作为参考仍不失为明智的建议，因为数十年来，优质家用品标签是品质的"黄金标准"，是全世界都认可的品质保证。绿色市场正需要这种保证。

那么，绿色标签能像优质家用品标签一样，替我们的地球之家把关吗？大家一直希望如此。但追求环境标签保证的这条路，走起来却漫长而艰辛。

1989 年，一群环保活跃分子和关心此问题的人士在华盛顿的宇宙俱乐部（Cosmos Club）聚会，讨论美国即将推出的绿色标签计划。这个计划是在效仿已在其他国家推行的类似计划，例如德国的蓝天使（Blue Angel）计划、加拿大的环境选择（Enviromental Choice）计划、日本与印度的生态标签（Ecomark）计划，以及通行于丹麦、芬兰、冰岛、挪威和瑞典的北欧天鹅（Nordic Swan）计划。美国推出这项计划的时机也正好——1990 年的世界地球日即将到来，人们也觉察到地球面临的环境挑战。在过去十年中，我们看到一连串媒体煽风点火的环境事件，共同唤起了活跃分子、学生、政客和其他人的意识：1979 年宾夕法尼亚州的三哩岛核电站事件，让民众有很长一段时间对核能心存疑虑；1984 年在印度波帕（Bhopal）的化学灾难，永备化工（Union Carbide）的厂房有 40 吨致命的异氰酸甲酯（Methyl Isocyanate）气体外泄，造成 2 500 ~ 5 000 人丧命；还有 1987 年知名的 Mobro 事件，一艘拖船拖运了同样重量的垃圾从纽约航行到伯利兹，但找不到处置的方法，于是又运了回来。但最著名的可能是 1989 年在埃克森·瓦尔迪兹号（Exxon Valdez）油轮撞上威廉王子湾的布莱暗礁后，发生的阿拉斯加湾原油泄露事件。

可以说，数百万名急着寻找解决方案的消费者，都想找出让他们也能出一份力的方法，而且最好是简单、只要花少许钱和时间、稍微改变一下个人生活方式，或是完全不用改变就能帮上忙的方法。一个能区别出好产品与其他产品的生态标签，似乎正是我们需要的。

当年我也参与了这场宇宙俱乐部会议；会后，在 1990 年 6 月成立了非营利组织——"绿色标签（Green Seal）"。这个组织吹着响亮的号角，带来了高尚的保证：用更有效率的方式找出能达到代表产业、活跃分子和科学界的一群利益相关者所设立的全部标准的产品。该组织的目标在于创造出一个由合格卫生食品部门、美国安全检测实验室（Underwriters Laboratory），或优质家用品标签部门所认证的可信的标签。当 1970 年第一届世界地球日主办人海斯（Denis Hays，他在 1990 年又高调继任世界地球日主办人）成为该组织的领导人后，"绿色标签"的可信度也更为稳固。海斯的董事会包含了环保界、消费者事务部、教育界和宗教界的领导人物。

"绿色标签"不是唯一的绿色认证组织，当时还有加州公司科学认证系统协会（Scientific Certification Systems，SCS）的"绿十字（Green Cross）"；"绿十字"那时已经小有规模，具有给无杀虫剂残留的产品颁发认证的资格。绿十字国际组织（在遭到苏联前总统戈尔巴乔夫于 1989 年成立的非营利组织的抗议后，"绿色标签"也换了个新名字）与"绿色标签"类似，但方法有些不同，但这些细节的不同大概只有技术人士才会感兴趣。其中的一个不同之处在于，"绿十字"其实属于营利组织。在当时，营利企业可以评价其他公司产品的环境表现，这让某些硬派活跃分子大呼不道德和不可思议。

"绿十字"有自己的追随者，好几家连锁超市都采用这个标签作为内部对绿色产品的认证标准，其中包括南加州的劳福超市（Ralph's Grocery Company）、北加州的罗利超市（Raley's）、俄勒冈波特兰的弗雷德迈耶超市（Fred Meyer, Inc.），还有菲尼克斯的 ABCO 超市。但问题在于，生产消费品的大厂，例如高露洁（Colgate Palmolive）、卡夫（Kraft）、里夫兄弟（Lever Brothers，联合利华的前身）、宝洁（Procter & Gamble）等，对这两个方案都不支持。这些公司不希望从其他人口中听到要怎么设计并营销产品。而较小的公司则是在其产品宣传上吹嘘一些自我认证，但其产品质量不一定是合格的。而且，生产真正绿色产品的公司通常会因认证的高价而却步——单一产品的认证最高达 25 000 美元，但却不能保证该产品质量合格。

所有这一切喊得震耳欲聋的营销宣言，却带来了更多问题而不是答案：由可循环再利用的材料制成——是 1% 还是 100%？不会伤害臭氧层——但内含其他污染物吗？可降解——或许，但可能要花几百年；可回收——在哪里、有多容易，回收之后呢？无毒——可能在你用时没有，但制造的时候呢？对环境安全——这究竟是什么意思？

零售商也加入标签之战。1989 年，加拿大连锁超市洛布罗（Loblaw）推出了一整套绿色品牌产品，名为天然之选（Nature's Choice），其中包含可抛弃的泡沫盘、洗碗机专用洗涤剂和机油。但其独特之处在于环保集团可以根据洛布罗标签产品的销售金额获得权利金。在头几个月内，天然之选的销售额突破 500 万美元，比预期多出了一倍多。

在 1989 年年中，当时美国第三大零售商沃尔玛也宣布买下《华尔街日报》和《今日美国报》的全版广告，要求制造商和供应商寻求"在生产、使用和抛弃时，都对环境更有益的商品与包装"。这是一项大胆之举，背后还有个雄心勃勃的活动——替该公司的重点产品加上标签，声明是"更有益于环境"的产品。

但这个活动却充满瑕疵、蠢到极点。举例来说，1990 年年初，我在弗吉尼亚州温彻斯特市的沃尔玛超市里闲逛，看到一卷 Bounty 纸巾（64 英尺，经氯漂白的不可回收的纸巾），旁边有个标签证实它对环境有益。我还找到龟牌车蜡（Turtle Wax），车蜡的塑料小管被沃尔玛挑出，理由是它的容器上有美国塑料工业学会（Society of the Plastics Industry）的树脂回收码，但这个塑料小管却是不能回收的聚丙烯。另一个被盛赞的产品是聚丙烯泡棉咖啡杯的包装，原因是这种杯子在制造时未使用会让臭氧层耗竭的氟氯烃（CFCs）；但事实上氟氯烃从来不曾用于制造泡棉咖啡杯，而且美国在 1978 年就开始禁用此类物质。如果这一切不是这么荒诞，其实还挺好笑的。

当年我联系沃尔玛询问上述事情时，公司发言人拉克哈特（Brenda Lockhart）不愿意透露到底选出了多少商品并贴上了绿色标签，只是说这些细节是"公司专利"。她告诉我，这个计划"是非常简单的，不会受限于规则与规范。我们在乎的是这个立意"。

所以事情就这样发展下去。在这个案例里，疗法比疾病本身还要糟。

现在，事情虽有些好转，但改变并不大。如今的科学认证系统已经放弃了全能的生态标签，改为针对特定的事物进行审查与认证，例如对食物中的营养与抗氧化成分、无杀虫剂残留食物、可持续经营渔业、以对环境和社会负责方式所栽种的花朵与盆栽，以及材料中含有可回收的、能够再利用的成分的认证。绿色标签持续存在于市场，并且得到蓬勃发展。该组织已经颁布多项标准，适用于从油漆、纸类制品到超强漂白剂等约 30 种产品。总共有超过 1 000 项产品获得认证，其中许多是以机构为销售对象的，例如清洁服务机构、商业黏合剂的使用机构，以及旗舰车辆维修机构等。但是，除家庭用清洁剂外，总共只有七项产品获得绿色标签（市面上还有许多其他获得认证的清洁剂，但却都不是供机构使用的），个人消费者在当地的超市、五金用品店、百货公司或其他地方很难找到"绿色标签"的产品。

还有许多标签针对产品的个别成分。"生态标签"（www. ecolabeling. org）网站上列出全球各地，从奥地利到津巴布韦的近 300 种生态标签。这些单一成分标签也有其效果，但也存在问题。举例来说，森林监管委员会（Forest Stewardship Council）制定了林业可持续发展的国际标准，它的标签是一棵打了个钩的树，各大零售商如家得宝、罗威（Lowe）和宜家家居的产品上都有。但该机构在 2007 年坦言，虽然它们的目的是要保护原始森林，但是某些冠上该标签的公司实际上却摧毁了原始森林。

与此同时，市场上还在持续追求能被广为接受的绿色标准。贵公司能从这样的标准中获得什么样的好处？这个标签能够带来公平的竞争环境，还是让公司处于劣势？如果有一套合理严格的标准存在，贵公司的产品是否会因此而无法在世界上的某些地方销售，或者让公司里已经远远超越类似标准的产品更具竞争优势？有越来越多的公司都"答应遵从"最严格的标准，即便法律并未如此要求。举例来说，许多电子公司现在都坚持欧盟的"电子电机设备有害物质限用指令"（Restriction of Hazarodous Substances，RoHS）标准，该标准旨在严格规定在电子电机设备中能够使用的特定有毒化学物质，并且规定在任何地区销售的所有产品都应遵守此标准。其他公司在全球各地的营运也都遵循母国的环境规范，即便这些规范超过了当地的标准。

这么做有其道理。如果这些标准能够很好地用于企业总部所在的国家，那么应该也能用于其他地区，毕竟在母国以外的地方，企业算是客人。

第15章

评级的兴起

通用生态标签的缺乏使绿色市场上多了一个空位——任何只要有一串公司名单、一个审核表和一个网站的机构组织都可以趁机补位。你能找到各产业、各部门的评级、排名名单，从汽车、电脑到化妆品一应俱全。民众和媒体都热衷于这些定量与定性的名单，特别是包含最好与最差等字眼的列表（最好是用绿色或漂绿等形容词）。企业十分讨厌这些名单，哀嚎着说评级机构的方法太严厉、计算不够严谨，而得高分的企业会说"统计方法与计算都没问题"。

如果你担心环境评级，那绿色之路对你来说就更难走了。评级和排名的数目与规模在未来几年肯定都会增加，评级机构会编写更完整的产品与公司评级。就像环保活跃分子喜欢说的："若要治疗地球，一点点阳光是最佳的杀菌剂。"

要一探评级的美丽新世界，不妨看看"气候为重（Climates

Counts）"这个由我担任董事的非营利组织。"气候为重"是贺许博
（Gary Hishberg）一手创办的非营利组织。兼具偶像和颠覆色彩的贺许
博是石原农场（Stonyfield Farm）有机奶酪公司的首席执行官，法国食
品大厂达能（Danone）是该公司的大股东。贺许博长久以来一直都是
活跃分子，极力推广可再生能源：1983 年，他成为石原农场的共同创
办人。我第一次见到他，是在 1993 年，也就是公司成立十年后，当时
我正在做研究，准备写一本关于企业社会责任的书——《获利之外》
（Beyond the Bottom Line）。他的热情、决心以及他的幽默与诚实都让
我印象深刻。当时他对我说："不论你怎么定义社会责任，如果问题
是'看看我们有多好'，那一定是搞错了。"与当时和现在多家公司的
振臂高呼、自我标榜式的社会责任观相比，这想法令人耳目一新。

从一开始，贺许博便替他的奶酪公司注入了行动主义的文化，力
抗传统商业准则更是家常便饭。举例来说，石原农场付给劳工双倍的
基本工资，来鼓励农民采取措施使农场可持续发展。这家公司几乎不
打广告。事实上，它们会在包装上印上其他人的宣言，将奶酪盖子上
的宝贵"黄金地段"用来宣传先进的环境宣言。但这些对业绩或是利
润都没什么影响。该公司从 1990 年来便一直保持 27.4% 的复合年增长
率，超过 3 亿美元的业绩让它成为仅次于优佩雷（Yoplait）和达能的
第三大奶酪品牌。石原农场的"获利回馈地球计划"会将公司利润的
10% 捐给"协助保护与恢复环境"的各组织（贺许博也让达能同意，
不论他何时辞职，至少在他离开公司后的十年内都会维持这个计划）。

"气候为重"就是其中之一。从 2007 年开始，这个活动会根据公
司对气候变化的承诺与表现，对它们进行排名。按照贺许博的说法，
它是为了回答下述问题："在气候变迁问题上，哪些公司同意我们的
观点，哪些反对？""气候为重"与顾问公司"绿色秩序"合作设计了
满分为 100 分的记分卡，设定了评比四大类别的 20 个标准：贵公司能
在多大程度上衡量自家的碳足迹？公司做了多少努力来降低温室气体

排放？公司是否明确支持（或是表达有意阻挡）正在讨论中的气候立法？公司是否清楚并全面地揭露其为保护气候所做的努力（完整的记分卡请参照 www. climatecounts. org）？

填制记分卡的方法是召集一群研究人员，尽可能从公开资料中挖掘多的信息，替每家公司回答记分卡上的问题，之后再将完整的记分卡送至每家公司，请企业核实、修正信息或根据自身情况进行补充。这个做法到目前还没什么问题。

由于完成后的调查报告是以挂号信的方式寄给各公司的资深环境主管的，在邮寄的过程中文件常常会丢失或被送错地方，有时候甚至被遗漏。还有些时候，它会被塞给公共或法务部门，最后有意或无意地被压到公文堆的最底层（或是被直接丢进回收桶）。不论是什么理由，我们起初联系的七八十家公司，大约有一半都未回复。尽管评级和回复与否并没有相关性（某些没回复的公司得到很高的评级，某些回复的公司评级却很低），但评级很低的公司需要付出惨痛的代价。评级揭晓的那一天，《纽约时报》、《华尔街日报》和《财富》，以及美国有线电视网 CNN 和其他电视媒体都做了相关报道；当天我接到两家评级最低的环境部门的经理打来的电话，他们的主管要求解释评级为何这么低。其中一位来自全球最大服装厂之一的主管说："好吧，这个评级成功了，我们公司的确注意到了这个问题。现在我们该怎么办？"然后她继续说，"公司做的努力远比公开的事实多，所以并没有得到应有的认可"。我向她解释，谦逊已不再是美德，公司应该更多地公开政策与进展。在上次视察时，这家公司也正在向这方面努力。

事实上，许多等级偏低的公司其实都做了很多工作，只是它们自己浑然不知，而且也没有其他人知道。举例来说，那家服装公司已经执行了一系列的气候相关计划，从提升亚洲制造工厂的能源利用效率，到整合船运以减少碳排放量（与成本），再到安装更有效率的照明装置来翻修总部。同时，该公司也致力于评估公司供应链的气体排放，但尚未完成。

要是这家公司早点知道这么做就好了。

同样的事我见多了。许多大公司都积极主动采取环保措施，这种积极程度超过企业内任何人的想象。公司的某个部门并不公开自己的计划，也不知道其他厂房、运营单位甚至是总部所默默进行的计划。但是，通常公司的不同部门都会做出同样的事情，例如同时认识到要怎么增加回收、降低废弃物或排放量，或是找到毒性比较小的物质来取代某些有问题的成分。

而最聪明的公司不仅会做好内部沟通，还会做更多的工作，它们会在别人对其做评级之前就先自我评估。其中一些公司甚至用非常精确的衡量标准来评估自己，并借此度量整个产品生命周期的影响：产品内含有什么？这些材料来自哪里？是在何地运用什么方法制造出来的？一旦产品被用尽或不再使用时，又会怎么样？

例如，2002 年一家位于俄勒冈州波特兰市的邮购公司——诺姆汤普森（Norm Thompson），就准备协助它的供应商改进产品的环保属性，它们的提案很多，从服饰、个人用品到家具应有尽有。为了达到这个目标，该公司创造出一个新的"工具箱"，让客户可以利用简单的记分卡方式来为产品的环境影响打分。这套记分卡由两个巴塔哥尼亚（Patagonia）公司的前环境经理成立的顾问公司——布朗威丝曼（Brown & Wilmanns）所设计，通过这套记分卡的测评，可以使诺姆汤普森的供应商对它们的可持续发展负起责任，同时又保持一定弹性，达到邮购公司的环保目标。

布朗威丝曼替诺姆汤普森制作的工具箱不仅色彩丰富，视觉效果也很好，可以给诺姆汤普森销售产品所使用到的数十种原料与流程分配级别。不过，它并不是替所有原料和流程进行完整产品生命周期的分析（这样做成本太高也太花时间），而是创造出一个简易版，以便于只要花费很少的成本就可以达到类似的精确度。

工具箱的每一页都是一个主题，代表了诺姆汤普森采购决策中的重要元素。举例来说，在服饰的那个篇章中，工具箱就会强调各种不同的影响，例如取得原料来制作纤维的影响（如栽种棉花、石油生产）、制造的影响（如染料、塑料原料粒）、消费者使用与维护的影响（如洗衣、干洗），以及在产品用完之后能做什么（如可回收、弃置）。每个选择都会列出这个对环境是好（绿灯）、适宜（黄灯）还是不好（红灯）。之后，工具箱会根据此选择来判断每个属性，给予 +3 到 −3 的评价。举例来说，在聚酯纤维这个部分，使用回收聚酯纤维会得到一个绿灯（记分卡上的分数为 +3 到 +2），使用"一般"聚酯纤维则会得到一个黄灯（+1 到 −1），使用含氯导染剂的聚酯纤维则会得到红灯（−2 到 −3）。随后附注的解释会说明如何判定原料的好坏。

工具箱的方法或许不是原料或产品评级的"黄金标准"，但其结果却可能同样有用，因为它以易懂的方式向企业提供有用的指引，让公司可以据此做出改变，其成效不会亚于更传统的生命周期评估，而且这些改变也不会降低产品的品质或功效。长此以往，诺姆汤普森将协助供应商更上一层楼，以绿灯的原料替代黄灯与红灯的原料。这些等级并不会透露给消费者，仅作为内部的工具使用。布朗团队也用这个方法来帮助其他公司发展评级工具。

诺姆汤普森不是唯一这么做的公司。有越来越多的企业也在研发记分卡、量表和其他方式，来更加了解生产与销售作业的影响，并不断改进，希望能降低成本或是改善产品。

某些公司甚至明确规定，每项新的或经过改良的产品都要经过这个流程。举例来说，位于密歇根的赫曼米勒（Herman Miller）家具，就利用记分卡系统来评估产品里的每种原料。该公司环境设计计划（Design for the Environment）负责人夏朗（Scott Charon）说，这个点子其实源于现在有越来越多的消费者会询问产品的环境属性。"我们想开发出一套工具，把消费者所要求的产品带到市面上。"他告诉我：

"我们希望成为此领域的领导者。"夏朗指出，某些高消费者现在把环境因素看得比成本还重要。

在该公司的设计作业之下，每项产品都从三个方面来评分：能否拆分、材料化学和可回收性。在每个方面，设计师都会根据不同的设计因素定出一系列不同的分数。因此，如果某项产品可以完全拆分成不同的成分，就会得到100%的"分数"。至于无法轻易拆解的原料，像是黏在一起的组装，则得到0的分数。原料化学的部分也按照同样的评级原则，衡量与每种原料相关的人体健康与环境因素。产品中所有原料都会逐一按照绿、黄、红来评级，并按照产品中原料的分量给予相对应的分数。第三个评级则是根据每种原料的可回收程度以及该原料所含的回收和可再生成分来给分。最后，把三个分数加总起来，得出最后的整体分数。

赫曼米勒家具现在利用可持续发展工具来评价所有推出的产品（包括含数百种相关原料的数十种产品），以及它们更新或重新推出的现有产品。其目标在于找出更好的替代品来取代有问题的原料，如使用毒性较弱的燃料，或者使用挥发性有机化合物（VOC）含量较少的板材，借此逐步提升每项产品的分数。

但这不只是数字而已。另一家顶尖的家具公司Steelcase，会替每一项主要产品制作一份四页的《环保产品宣言》，摘要列出其生命周期评估，并为比较小的产品制作两页的"产品环境档案"。该公司全球环境策略经理尼西齐恩（Angela Nihikian）表示，这些文件是为了"传达明确且透明的信息，说明产品在生命周期的每个阶段对环境的影响"。文件里会提到每项产品所用的所有原料、每种原料的原产地和认证、可回收成分的比例、植栽认证与制造流程，以及产品和包装的可回收性。此外，该产品也能协助室内设计师了解Steelcase产品是怎么取得能源与环境设计绿色建筑标准分数的。

还有另外一个例子，是通用电器利用记分卡来验证产品是否符合

"生态想象"（这个名词来自于通用电器在 2005 年推出的一大策略方案）标准，并以此作为与消费者和其他有兴趣团体的沟通基础。以前的通用电器称不上是环保领袖，它的环保名声在 20 世纪 40 年代中期至 70 年代中期遭到破坏，该公司会定期向 200 英里长的哈德逊河河道倾倒有毒的、被岸边电器厂用作绝缘液的多氯联苯（PCB）。

通用电器的环保声望虽令人不敢恭维，但它的故事仍不失为一个好例子。2001 年伊梅特（Jeffrey Immelt）接任杰克·威尔许（Jack Welch）的位子，担任通用电器的董事长兼执行官，他与通用电器不同事业部主管召开了称为"成长剧本"的例会。在会上，每个事业部都要报告事情的进展，以及未来三到五年的事业发展前景。他们的报告会被拿来与伊梅特从通用电器客户端收集到的材料相对比，包括主要电力事业、铁路还有航空公司。通用电器的公共关系总监奥图（Peter O'toole）回忆说："大老板看了看报告然后说，'我们做的是风的生意。我们有一款全新的超效能飞机引擎 GEnx 要上市，也有全新摩托车引擎 Evolution 准备推出，我们的电器产品和照明产品都获得了美国环保署（EPA）和能源部所颁发的年度能源之星伙伴（Eneergy Start Partner of the Year）标章。如果可以结合所有这些资源，或许还能做更多。'"

伊梅特看到他们有机会可以改变消费者和公众对通用电器的环保看法，而"生态想象"就是成果。在 2004 年中，该公司找到我在"绿色秩序"中的同事，希望我们能帮助它们找出通用电器的定位与计划，确保其可信度。第一个任务，就是要让"生态想象"成为以消费者为主的方案，完全公开财务发展情况以及解决环境问题的信息。为了彰显通用电器的环境创新能创造出的真正商业成绩，该公司需要明确的目标包括相关产品每年的利润增长率；董事长伊梅特的初步设想是要在 2010 年前做到 200 亿美元的业绩。因此，"生态想象"不只是通用电器立志成为环保领袖的口号，也是特定的"获得认证"的产品与服务的次品牌，而且公司会对这些产品的业绩进行追踪。

不过，通用电器的业务相当多元化，从能源到水再到照明设备和商业金融，究竟应该要纳入哪些产品，又该如何做决定？所以，挑选单一标准来定义"生态想象"产品的做法是不太可行的，例如：比顶尖技术还要更有效率10%。10%的提升对灯泡来说不算什么，但是对摩托车引擎来说，2%就已经很不得了了。因此通用电器需要一套广泛且具有弹性的认证标准，来囊括各种不同的产品与服务。

最后通用电器把"生态想象"产品定义成：可大幅提升消费者环保与行为表现的产品，而且这些改善可以量化。为了找出哪个产品合格，"绿色秩序"协助通用电器开发了一套记分卡系统，来衡量产品的环保与成效属性。该记分卡会引入最新科技、竞争者的最佳产品、现有的安装基础、相关规范以及产品成效等因素。记分卡会制作出具有说服力的声明和分数评级，可用于营销与销售，也可展示给活跃组织团体、记者和其他人，以此证明"生态想象"有其理论基础。"通用电器知道，'生态想象'必须要能抵挡一切的批评，要以真相与科学为基础，而不只是口号和承诺"，"绿色秩序"执行官夏皮罗（Andrew Shapiro）说。记分卡系统可以提供这样的保证，并鼓励通用电器的各个事业部门都找出并创造出能"以绿色成效脱颖而出"的产品。

这项一开始算是营销作业的方案，到2005年5月推出时，却成了改变游戏规则的企业策略。伊梅特承认，事实上该公司的成长基于通用电器是否能够让消费者觉得更环保且更有效率。

不只是大企业可以这么做，小公司也能开发量表来协助客户了解并重视产品的环保属性。新叶纸业（New Leaf Paper）是家生产环保打印纸的创新企业；该公司向消费者提供"生态审查"，以证明用新叶纸打印可以对环境有什么益处。举例来说，根据新叶的"生态审查"，当雨衣出版社（Raincoat Books）使用新叶EcoBook 100 Natural这种100%由可回收材料制成、无氯漂白的再生纸，印刷加拿大版的《哈利波特5：凤凰社的密令》时，总共省下 39 320 棵树、1 670 000 加仑的水、1 800 000 磅的固态废弃物、360 万磅的温室气体的排放量、2 730 万英国热量单位的能源。这项计算出现在许多书籍、手册和其他使用新叶纸张打印的食物包装上，让客户拥有来自第三者的证实以彰显其环保承诺。

向来独树一帜的服饰和休闲鞋制造商 Timberland 有另一种不同的做法。2006 年该公司启用一套自称是"营养标签"的标签，标示在所有的鞋盒上，创下鞋子和服饰厂商将产品对环境、社会的影响的相关信息标示于产品上的先例。根据该公司的记录，这个标签是仿效通常用（而且通常是必备）的食物营养标签，旨在明确告知消费者"其所采购产品的相关信息，包括在何地制造、如何制造、对环境有何影响"。特别的是，标签上会提供 Timberland 产品的两项环境影响数据，包括用来制造鞋子的能源，以及该公司所采购的再生能源，还有三项社会影响数据，包括 Timberland 员工从事社区服务的时间、违反行为守则的工厂数比例，以及制作鞋子时是否聘用童工。同时，标签也会表明鞋子产自何地。

为什么要这么做？"我们认为以前的包装并未反映出品牌的特质，无法传达品牌的商业与公义价值"，Timberland 的全球品牌管理总监斯托克（Tracy Stokes）解释道。据她所言，这个标签旨在"以非常透明且直接的方式，把这些价值呈现在消费者眼前"。

虽然这是正确的一步，但这个标签引出的问题却很多。举例来说，我们现在知道要制作盒子里的这双鞋子，会需要多少的能源（根据该标签所示，需要 2 度电），但这是什么意思？这是多还是少？它和工业平均值相比，结果又如何呢？另外，可再生能源数据只能反映出 Timberland 自己的厂房所采购原材料的额度，而没有反映出不属于 Timberland 的制造工厂采购原材料的额度。因此，大家对这个衡量标准多少有些误解：认为有关再生能源的采购情况是拿给办公室与公司其他厂房看的，而与生产鞋子的工厂并无太大关系。

鞋子的其他环境足迹怎么样，例如原材料的本质？如果 Timberland 在染制皮革过程中降低了金属铬和其他有毒化学物质的使用，它们又是怎么做到的呢？鞋子中包含有毒溶剂或胶水的比例是多少？鞋子内是否含有有机、可回收或者可降解的原料？至于鞋子可能造成的最大环境足迹，也就是把鞋子从阿根廷、孟加拉、巴西、中国、埃及、印度、土耳其或任何其他十几个国家运送过来的碳排放量是多少（还有把鞋子所用原料从世界各地的工厂运到组装厂）？这些我们都不知道。

不过，我还是欣赏此公司每年都把有关社会与环境责任的信息贴在 3 000 万个鞋盒上这种做法（假设未来 Timberland 会这么做）。大家都不怎么将产品包装作为教育消费者的工具，不在包装上标示该公司的环境与社会成效，多数公司都错失了这个机会。的确，我认为 Timberland 的标签，其实也是对其他公司（不只是对鞋子与服饰产业厂商）提出的挑战，要求大家都要告诉消费者，企业做了哪些事情来解决公司对环境的负面影响。

这只是新办法的一部分，这些新办法要求我们要更透明、更可信，而且要据实呈报。消费者希望知道你正在做哪些努力，没做哪些努力，这些又如何能与民众的价值观和渴望结合起来，以影响到民众在自我环境保护方面的努力。在信息化时代，你无处可藏。假以时日，许多产业的公司必须提供更多的数字，而且可能不是以它们希望的方式呈报。贵公司和产品的信息将来会是什么样子？这些信息能够与竞争对手的信息相比吗？你准备好让一切公之于世了吗？

用《企业黑数》（The Naked Corporation）一书的作者 Don Tapscott 与 David Ticoll 的话说："如果你要坦荡荡，最好有真实的材料。"

第16章

内容为王

在 20 世纪 90 年代的网络潮期间，大家都说"内容为王"。当时大家把这句话当成是教条，意思是谁拥有了内容（也就是知识产权，如书本、文章、数据库、新闻故事、影像、影片、音乐等）谁就能说了算。至于负责传递内容的人，如网站的创建者和幕后的技术人员，被认为是信息传送的服务者，只是送信的邮差，赚取微薄的利润。

然而，事实却并非如此。一些最成功、最赚钱的网站，如 Craigsilist、eBay、Facebook、Google、LinkedIn 和 Youtube，拥有的内容并不多，但它们通过让使用者在其信息平台上制作和发布信息，从而获利。

结果，情境胜过内容。情境是指组织、分类、过滤和整理信息的能力。少了情境，每条微小的信息都会变得同等重要，无法判断哪条信息更为重要。

情境是绿色经济中常被忽略的一环。我们可以看到大量数据，讲述环境问题、企业表现、消费者行为等。事实被再三重复，结果变成了教条；有时当我们认真探讨所谓的常识时，常识也会改变。比如，本地货不一定比进口货好；纸可能没有塑料好；包装不一定是坏事；回收也不一定是好事。上述每个说法和许多其他的环境声明都可能是真的，但要视情况而定。举例来说，本地产销的产品比起其他地方的产品，甚至是海外来的产品会有更大的环境足迹；塑料包装在安全、保全、新鲜和沟通方面可以扮演重要角色；某些物品的回收所耗费的资源可能远胜过它剩下的资源。所有的一切视情况而定。

"我知道并不是每个人都了解什么东西对环境有益，什么东西对环境有害"，麦当劳社会责任副总裁 Bob Langert 说。担任公司环境发言人近 20 年，她说："我每天都想要搞清楚这些事情，但这真的很难。我认为人们已经有点想放弃了。"

Langert 的论点很有道理。多数环境问题都非常复杂，就连所谓的专家也不知道某些看起来很简单的选择，如纸袋与塑料袋、布尿布与纸尿布、瓷杯与聚苯乙烯一次性咖啡杯。哪个选择对环境比较好，没有一致的结论。两边都各执一词，有许多详细的资料与获得授权的研究，证明两者都可以制造较少的污染、耗费较少的天然资源，或是掩埋时不会出现问题。但大多时候，"正确"答案都是"看情况"。

家得宝在 2007 年推出"生态选择"标签时，就发现了这点。这个计划用来标出货架上对环境有益的产品，加拿大早在 2004 年开始推行后，大获成功，于是三年后美国也开始推行。当家得宝邀请供应商参加这个计划，提出绿色产品时，总共有 60 000 项产品申报，约占该公司 175 000 项销售产品的 1/3。正如《纽约时报》所报道的，"塑料握把的笔刷被认为是对大自然有益的，因为它们不是由木头制成的。木头握把的笔被说成是比较好的选择，因为它们不是塑料制成的"。家得宝的环境创新副总裁贾维斯（Ron Jarvis）告诉《纽约时报》说：

"现在你在绿色运动中看到的多数是巫毒式营销。"照此逻辑来看，什么东西都可能是环保的。要判定它是真绿还是假绿，最后的结论通常是"看情况"。

这意味着，在这么复杂又如此不确定的世界里，你无法假装自己什么都知道，因为你真的做不到，也没人可以做到。你可以做出声明，这些声明或许不会被揪出来，但它们很可能还"不够好"。早点声明或晚点声明，或许与个人消费决策并不相关。只要价格和品质合乎我的需求，我会在乎画笔的笔身是木头还是塑料做的吗？呵呵，可能还是要看情况吧。

不过，要描绘绿色形象，可能不是刷上几笔就够的。民众想知道事实，也想要听好的故事。他们想知道这个事实有什么意义、为什么重要、如何能改善人们的生活同时又让世界更美好。简而言之，似乎世界上每个人都在挥舞着绿色大旗，但消费者想知道为什么你的产品或公司会脱颖而出。

企业可能非常想把事实全部推到消费者面前，解释为什么自己的产品要比竞争对手的产品好。我们越来越常看到这种情况，某产品的标签、广告和其他营销文件上，洋洋洒洒地写了一长串的环境改善清单：所省下的能源、树、水、废弃物、温室气体和其他天然资源与排放物，并且也会附带提到这些树相当于多大的土地面积（"这些树可以覆盖罗德岛"），或是解释如果每个人都买这项产品而不买竞争对手的产品，会产生什么结果（"可以节省足够多的铝，造出 3 416 架波音747 飞机"）。

这些可能很有用，但不是非常有说服力，有时候还会引起疑虑。我们从"营养标签"的事件里学到，营销宣言有时候会误导人。举例来说，某样东西是"无脂"的，但不代表它热量很低。再者，环境问题不像我们放进嘴里的东西那么私密，所以，当我们听到某产品释放出较少的挥发性有机化合物（VOC，都市雾霾的另一主要元素）时，所引发的情绪反应远没有比听到所吃的食物含有较少的盐和胆固醇时强烈。

要让论点成立，只有事实还不够，还要营造环境，用故事引出这些事实的意义。人们想要听到好的故事，并分享给亲朋好友。他们希望你提出明确且强有力的论点，来使他们对自己的购买选择感到满意，并了解到这个选择确实能带来改变。同时，他们也希望有事实作为佐证，他们也想看到第三方验证或是其他专家的意见，来强化你的声明。

可以肯定的是，内容与情境需要相互平衡。找出正确的平衡可以让你取得优势。

第17章

可口可乐、Levi's 等品牌领导的暴政

成为环境领袖是把双刃剑，特别是对一些非常知名的品牌而言。一方面，它能帮助贵公司从喧闹的媒体杂音中脱颖而出；另一方面，它也可能弄巧成拙，暴露出民众本来不知道的环境挑战。

案例：几年前我得知，世界上最大的棉花采购商 Levi's 规定年度棉花采购量的 2% 必须是有机棉。该公司并没有宣传这项计划，也不打算推出有机棉服饰生产线（它们曾经做过，1991 年它们一度宣布要推出名为 Levi's 天然棉的生产线，但成效不佳。Levi's 的营销人员撤销了这个计划，以免亏损）。该公司其实是打算把有机棉和传统棉进行混纺加工，就像是再生纸浆和原生纸浆混合，做出部分为再生纸的产品一样。该公司希望以后可以逐渐增加有机棉的比例。

何必要这么麻烦呢？Levi's 的社会责任记录始终良好（"就

在我们的牛仔裤基因里"是该公司非正式的企业座右铭）。在无数的
场合里，该公司在社区参与、人权和人道方面，做得远比社会所要求
的多。在这样的情况下，Levi's这么做一方面是想要开拓急速萌芽的
有机栽种棉花市场；另一方面，也可以顺道获取采购的经验，了解该
如何运用这种原料增加公司的竞争优势。因为消费者会越来越了解有
机棉，这也会加大他们对这类产品的需求。

当时，还没有大型服饰公司公开进军有机棉市场，只有巴塔哥尼
亚这个相对小但大胆的特殊户外服饰厂商进入有机棉市场。当我得知
Levi's的有机棉承诺时，我心想这个好故事可以作为当时撰写的电子
报题材，所以我致电该公司询问更多细节，但该公司拒绝谈论这件事。
的确，Levi's没有发出任何新闻稿解释转向有机棉的策略，也没有在
产品商标里面表明使用有机材料。

但我坚持努力说服几位联络人，最后终于胜利了。当时Levi's的
全球公关总监格瑞比（Clarence Grebey）不太情愿地接受了访问。

当然，我首先问他的是："为什么不想谈论这个问题？这个问题听
起来是很重大的事件，世界上最大的棉花采购商要转向有机棉了！"

格瑞比的回答是："从我们的角度来看，如果开始宣传这点，就
会需要解释，为什么全世界有1/4的杀虫剂用在棉花上？对地下水径
流、劳工健康与安全，还有鸟类与树林有什么影响？如果我们这么做，
顾客可能会说：'所以贵公司采购的东西有98%对人类和地球是有害
的'。"

格瑞比不需要再多谈。从这里我就知道故事会怎么进展了。活跃
分子可能会要求了解"为什么只有2%？为什么不是5%？嘿，直到你
们承诺用10%的有机棉之前，我们都会要求校园抵制Levi's的产品"。
有鉴于刚兴起的有机棉市场变数还很多，Levi's当时不知道每年2%
的目标究竟能否继续维持。只要有干旱或虫灾，有机棉供给量缩水的
速度会比泡在热水里的501牛仔裤还快。由此我们可以理解为什么

Levi's不想夸耀这项有机棉计划，即便错过一个可以获得绿色名声的机会。

Levi's知道自己在做什么。品牌领袖尤其需要谨慎行事，因为活跃分子喜欢以它们为榜样。想想过去15年来大型环境行动所锁定的目标：从花旗、戴尔、家得宝、麦当劳、耐克、史泰博（Staples）、星巴克到沃尔玛，全都是数一数二的品牌（所有这些公司最后在活跃分子的评分里，都成了个别产业里的环境领袖，即便一开始是被强迫加入战局）。活跃分子有本事让某家广受喜爱的品牌成为恶魔之子，而新闻媒体与博客只会煽风点火。

因此，几年前听到全球最大品牌公司之一的可口可乐公司，曾被"倡导可回收"的团体盯上，一点也不让人感到意外。该团体谴责可口可乐公司没有履行要在塑料饮料瓶里加入回收材料的承诺。这是一个典型的好心没好报的例子。

1990年，在媒体疯狂庆祝世界地球日20周年之际，"泛滥的垃圾掩埋"被认为是地球最基本的环境问题（不过最后结果证明是错误的）；可口可乐和百事两家公司都挑这个时间宣布，它们要开始使用含25%回收材料的饮料瓶。事实不止于此：两家公司都保证，它们会比对手更注重环保，要成为率先达成此目标的公司。对这些坚定的饮料公司来说，这是一项很重要的策略。倡导回收的团体也赞扬了这次行动，以他们一贯轻描淡写的说法，指出此举可能是正确的。

不过，可口可乐和百事都未能达成这个目标，它们受到了同一群活跃分子的一阵讨伐，特别是声势惊人的草根回收网（Grassroots Recycling Network，GRRN）的讨伐。眼看着2000年就要到来，但回收材料的比例还不到10%，可口可乐与百事于是与活跃分子达成协议，把目标降至塑料瓶中有10%的材料为回收材质。

回顾这段历史，做出当时无法达成的承诺可能不是明智之举。在可口可乐这边，当时有3/4的瓶子产自于其独立的公司。而影响回收塑料市场的因素，也不在可口可乐的控制范围内，如原生塑料的价格，取决于石油的价格。当油价上升时，原生塑料会变得比较昂贵，让回收塑料的价格更具吸引力。当油价下跌时，回收塑料反而会比原生塑料贵。各地的情况也不尽相同，一些地区的塑料回收基础建设比较好，另一些地区在这方面可能就差一些。

在 20 世纪 90 年代，塑料瓶在全球饮料市场的市场占有率节节上升，这是因为多数碳酸饮料是以 20 盎司的塑料瓶盛装的，还有单独包装的瓶装水越来越流行。因为回收塑料得来不易，饮料公司离它们的目标也越来越远。活跃分子开始攻击品牌领导者，扬言要在全球范围内抵制可口可乐的产品。他们在《纽约时报》和《华尔街日报》上做广告，敦促消费者"喝可乐之前先想一想"，并要求他们把 2 升的瓶子压扁后寄回给该公司，并附上一则信息叫它们"请再利用"！

所谓的瓶中信也不过如此。

其他人也一起跟进。在政治上非常积极的长途电话公司 Working Assets（之后改名为 CREDO 长途电话公司）对超过 30 万名客户送出这份警讯，导致有超过 4 万封的信件、电子邮件和电话涌入可口可乐的 CEO 办公室。佛罗里达州、明尼苏达州和加州政府都针对可口可乐的回收废弃物通过了决议案。

最后，草根回收网的活动逐渐衰退，但行动主义的态度却得到两大股东团体的支持。在随后的数年内，播种（As You Sow）和沃登资产管理（Walden Asset Management）两大股东合作迫使可口可乐对瓶装碳酸饮料和瓶装水使用的塑料材料定下高标准，并制定更高的瓶子复原目标。在可口可乐答应会采取实际措施之后，两集团在 2007 年撤回了饮料瓶回收的股东提议。在 2007 年 9 月，可口可乐公司宣布要更进一步，要花费 6 000 亿美元建造被誉为是全球最大的回收厂，野心勃勃地要回收或再利用该公司在美国市场的所有塑料瓶。几个月后，在 2008 年初，该公司把铝罐也列入目标。

为什么针对可口可乐而不是百事？可口可乐的品牌领导地位让该公司成为明显的目标。在2002年的"事实陈述"中，草根回收网解释：

可口可乐公司是软性饮料市场里最强大的领导者，1997年的市场占有率为44%。如果可口可乐选择负起责任，百事和其他软性饮料公司也会跟进。可口可乐是非常赚钱的公司，而根据业界的消息，在美国地区使用越来越多的塑料包装让可口可乐荷包满满。要说哪家公司有资源也有能力为产品和包装负责任，非可口可乐莫属。

当然，不是只有赚钱的领导品牌才会有危险这么简单。任何品牌都可能成为不满的消费者或活跃分子的攻击对象。竞争对手也可能会被同样的风暴扫到。如果可口可乐与百事都被认为是生态恶徒，这股情绪定会波及所有的饮料公司。

可口可乐和Levi's牛仔裤的故事就像硬币的两面。一家公司对自己的良好作为只字未提，担心一旦说了可能会让消费者或活跃分子察觉到原本没发现的问题。而另一家公司，则是先挑起活跃分子对于公司承诺的期待，但最后却未能达成。这两个案例的问题在于，究竟合理的预期应该是多少？2%的有机棉是太少还是太多？Levi's牛仔裤应该要负责打造出这个市场吗？而考虑到所有控制供给和需求的外部力量后，可口可乐或是任何其他公司可以合理达成的回收目标又应该是多少？如果可口可乐只用5%的回收塑料，是否就足以对垃圾掩埋带来重大影响？或者是否可口可乐要用50%以上的回收塑料才能对垃圾掩埋带来重大影响？简而言之，这两个案例都引出了如下问题："要多好才算够好？"

如果可以提供少许情境，两家公司或许可以减少一些风险。举例来说，Levi's可以选择公开它的计划，分享它们对环境影响的担心，以及它们打算怎么减少这些冲击。该公司可以邀请竞争对手也推出同样的措施（当然，这些策略都有缺点，可能会提高每家企业采购有机棉的成本，因为需求无疑会超过供给）。该公司也可以对有意以较高成本栽种有机棉花的农夫进行补助，或是与备受尊崇的大学或研究机构合作，找出改变棉花市场的方法，借此机会表明其改变棉花市场的决心。该公司也可以与关心杀虫剂或农夫健康的行动团体合作，进行相关研究或农夫教育。如果 Levi's 公开主动地解释它希望打造一个更绿色的棉花产业，或许就能替自己的领导行为赢得尊敬和信誉，赢得可以降低批评或激烈反对的名望资本。

可口可乐的情况又是什么样呢？在原本值得敬仰的绿色竞赛里，可口可乐和百事把期待拉高，却又未能调节风险。可口可乐本可以邀请草根回收网或其他活跃分子一同加入，协助改变整个市场，把资源引导到教育消费者或迫使瓶子工厂使用更多的回收塑料上去。饮料公司本可以提供更好的解释，说明是哪些因素影响到它们使用回收塑料的成本，如石油的价格。要是由本地政府推出改进塑料回收的优惠政策，这个方案很可能就会成功。该公司原本也可以请活跃分子帮忙，借此分担责任和风险。值得称赞的是，公司的高层主管似乎已经意识到回收不仅能够堵住批评，还有其他的用处。2008 年，可口可乐北美事业部总裁道格拉斯（Sandy Douglas）告诉全美回收联盟（National Recycling Coalition）："我们的愿望是，包装不再被视为废弃物，而是可供未来使用的珍贵资源。"对一家每天全球销量达 40 亿瓶的公司来说，包装的确是潜在的"珍贵资源"。

若消费者或者活跃分子知道企业很关心环境问题，而且也采取了适当措施改变事物，包括影响供应商、竞争者和立法委员，他们也可以接受不完美甚至是逐步改进的解决方案。

顺便说一下，可口可乐的故事有个有趣的结尾。草根回收网抵制该公司的全国行动对销售没有带来任何影响，并没有让可口可乐察觉到异样。不过，这群人在 2000 年将活动方向转变为"抵制肮脏工作"，敦促美国大学生在学校遇到可口可乐的招聘人员来面试时，要以嘘声欢迎。

　　这下扭转了战况。新进人员人数稍稍下滑都会重创公司的运营。大公司需要最棒、最聪明的人才源源不断地上门应征，活跃分子也清楚这一点。当可口可乐的招聘人员向高层主管汇报说"校园学子对公司的兴趣降低了"时，高层主管要求环境部门提出说明。

第18章

星巴克怎样应对挑战？

　　不言而喻的是，在诱惑力极强的博客、维基和其他社会媒体的网络世界里，权力掌握在消费者手上。他们的讨论和咆哮可以决定任何事情的成败，包括电视节目、科技玩具、旅游景点，而且只需几天的时间就可以定生死。面对这样的调查，有些公司会退缩，或者至少会产生防御心理，讲起话来会像被媒体围攻的白宫新闻主任，而不是像想赢得声誉和顾客信任的公司。

　　但星巴克让我们看到，如果接到网络世界的烫手山芋，不一定要动用公共消防栓降温，有时只需要一点点低科技含量的沟通就行。

　　2005年，一位26岁的南加州大学研究生以锡尔为名撰写博客，碰巧推出了"挑战星巴克"的活动。她的博客"绿色洛城女孩"和另外一个在伦敦的博客"城市嬉皮"联手，呼吁全球读者应该要求星巴克负起责任，让消费者每天在所有星巴克咖啡店都能买到公平交易咖啡。

近几年来星巴克已经大幅增加采购公平交易咖啡，主要是满足消费者和活跃分子的要求，该公司声称是北美最大的公平交易咖啡采购商、烘焙商和经销商，在全球也是数一数二的。在 2007 年会计年度，星巴克采购了超过 2 000 万磅公平交易咖啡。根据该公司的说法，该公司付给公平交易咖啡企业的价格比同样一批咖啡卖给 C 市场（咖啡交易商使用的全球参考价）的价格高出 800 万美元左右。该公司表示，这个价位与星巴克通常支付给其他优质咖啡的市场价格差不多。

根据该公司所说的政策，星巴克将在包括澳洲、奥地利、加拿大、中国、法国、德国、希腊、中国香港、印尼、日本、韩国、马来西亚、新西兰、菲律宾、新加坡、西班牙、瑞士、中国台湾、泰国、英国和美国等 21 个国家和地区每天提供公平交易咖啡。如果在"每日咖啡"的选项里没有公平交易咖啡那么店员必须用法式咖啡器另泡一壶咖啡。

有了这个政策，锡尔于是想："在这些国家和地区，喝一杯这样的公平交易咖啡会有多容易？"所以她推出了这个挑战星巴克的活动，请全世界的读者到当地的星巴克店里进行调查，并回来报告情况。

这个活动像病毒一样蔓延，不到一个星期的时间，其他网站就推广这项挑战，要求读者去访查当地的星巴克，点一杯爪哇公平交易咖啡，做好记录并回来报告买咖啡的经过。这些自我任命的调查员发现，多数星巴克公司都履行了企业承诺，但也并不是所有的店面都可以做到，在某些店里要喝一杯公平交易咖啡需要花较大的力气。

那么，星巴克对这个高科技网络活动做了什么回应？很简单：拿起电话筒。

星巴克的胡兹联系了锡尔一起谈谈咖啡，想要找出"挑战星巴克"这个活动揭示出了什么现象。两人相谈甚欢，聊到公平交易咖啡、星巴克及与咖啡相关的倡议、锡尔的"挑战星巴克"计划，还有人生。就像在南加州大学攻读文学和创作的锡尔后来在博客上所写的：

胡兹人很好。我们那天最后聊到了自己。胡兹以前主修戏剧，曾"想要通过艺术改变世界"。现在她长大了，也有钱了。她通过另一种渠道完成了她的理想，并在星巴克的企业社会责任部门继续她的梦想。

"老实说我觉得这很酷。"这是胡兹对"挑战星巴克"的看法。她说，一旦我们把结果和分析列出来后，她很乐意知道我们的后续发展。

不过锡尔并不是不无担心。那时锡尔告诉我："我真的觉得胡兹本人非常在意，也想在企业内部做出努力。但我不确定的是，除了给我一些星巴克政策以外的资讯外，她和公司的运作有多少关系。我很肯定她和我有同样的忧虑。我只是不知道，胡兹的关心有多少能转化为公司的集体行动。"

现在这一切似乎只是咖啡壶里的骚动，毕竟"挑战星巴克"所检验的本质问题是，究竟星巴克是完美还是只是令人景仰的企业。但这里得到的启示却不仅仅是公平咖啡或者企业责任，而是企业去了解甚至接受它们的批评者和质疑者，以完全了解他们对环境和社会的关心，帮助他们理解企业是如何回应这些忧虑的。这件事说明了，个人的、一对一的沟通力量有多大，在当今社会，即使公共关系的制作和传播方式再有创意，其地位也通常被降低为数字传输。

虽然与外界接触也不一定总是有效，但这样的沟通所带来的害处往往很少能超过益处。在绿色世界里，政治热情和实事求是是紧密交织的，个人的愉悦能大大减少潜在的问题状况。

没错，有几家公司已经发现，接触批评人士可以减少这些负面的评语，即使有时候企业并没有完全满足批评者的要求或需求。批评者，不管是有组织的活跃组织分子，还是忧心忡忡的个人，常常会预期企业（特别是大公司）会否认他们的批评和挑战。当企业体贴地聆听并回应批评时，就连最激愤的批评者也会采取比较合理的立场。讽刺的是，通常只有最优秀的公司，如星巴克、石原农场、巴塔哥尼亚等，会被拿来与最高标准比较，而且常常是出自最忠诚、最热情的消费者之手。这也是绿色经济里不争的事实：成为领导者有时候会让自己成为目标。

不过就像星巴克的事务总监崔伯雷（Peter Tremblay）告诉我的，他的公司已经很擅长应付挑战。他说："我们并不介意，我们想要从中得到学习，尝试做到最好。我们想要与'挑战星巴克'成为合作伙伴。这样能帮助我们找出哪里有待改进。公平交易运动和星巴克有共同的目标。"

同时锡尔也一直保持着她的怀疑，继续与星巴克企业社会责任部门的胡兹对话。她谈到星巴克说："我不认为它们是什么邪恶帝国。我只觉得它们说要做什么就得真的去做。"

有了博客的小刺激，它们真的去做了。

第19章

清洁能源：不在于环境

如果每月多支付 5 元或 10 元，就能帮助改善全球变暖、儿童哮喘、能源短缺、国家债务、基地组织的威胁，你会在意这点钱吗？我猜你可能会觉得这是个脑残的问题。

那么，为什么没有更多的人购买清洁能源呢？

现在的可再生能源，例如太阳和风力所产生的电力，仅占总能源的一小部分。根据英国石油（BP）提供的数据，地热、风能、太阳能这三种可再生能源所产生的总电力，仅占 2007 年全球发电量的 1% 左右。

可再生能源发展缓慢其中一个原因是消费者和企业端的需求一直不热切。从环保积极分子到公共事业高层都始终不能理解，为什么消费者如此冷淡。几乎每个人都了解太阳、风力、地热可以发电，腐烂的废弃物和植物可以产生沼气，这些对每个人来说都是好事，有益于地球、人类健康、国家安全和经济。

　　而且，有了这么多绿色产品，消费者也都告诉市场研究人员他们想要清洁能源。2007 年一份由 IBM 所作的研究报告发现，在六大化工国家，有 2/3 的能源消费者表示，尽管传统能源的价格已经很高了，他们还是宁愿支付更高的价格购买对环境有益的能源。不过，研究也发现，只有 1/4 的受访者选择购买他们可获得的可再生能源。

　　可再生能源的发展缓慢，令人沮丧，但也更凸显了另一个问题：当优质的绿色产品和销售这些产品的公司要求客户改变，不再使用以前的老的可靠品牌，而是改用新产品时，会面临很大的挑战。这也显示，尽管消费者似乎很想做出绿色的购买选择，但他们并不是心甘情愿地这么做，特别是在要花上一些努力（或者不用努力）或是要改变习惯时。

　　清洁能源有什么问题？位于康涅狄格州的非营利组织智慧电力（SmartPower）发现，民众完全了解其益处，但多数人并不认为它真的管用。智慧电力参与了麦迪逊大道（Madison Avenue）的市场研究和广告活动，配备了来自五个基金会的近 200 万美元资金，在 2003 年与清洁能源洲际联盟（Clean Energy States Alliance）合作，想要更了解民众对于清洁能源的态度。数年来一连串民意调查的结果都显示，美国人想要更清洁的燃料能源，但清洁能源的实际采购量却仍有难以跨越的鸿沟。

　　智慧电力的合作伙伴，是位于纽约的一家广告公司加纳尼尔森（Gardner Nelson & Parter），其客户包括西南航空（Southwest Airlines）、大通（Chase）银行和其他蓝筹公司。这两家机构在美国联手进行了焦点小组访谈和其他研究。智慧电力总裁基恩（Brian Keane）告诉我："我们开始只是想知道人们对于石油和煤的真正想法。就像很多其他人一样，我们一开始也都觉得煤和石油是不好的。"

　　与基恩的团队在执行"讣告练习"中所发现的一样，别人并不是这样看待化石燃料的。基恩解释说："如果想知道人们对于某个事物的看法，就把它拿走。"所以，在焦点小组访谈真正聚到一起前，参与者还在等候室的时候，他们被告知："化石燃料死了，请写封讣告。"

结果这篇文章让我们大开眼界，其中一篇写到：

怀着深深的遗憾和悲伤，我们在此宣布化石燃料已死。在供应了地球人类数百万年之后，资源已经枯竭了。我们会永远记得它为生物提供了多少温暖、舒适和乐趣。未来我们需要填补相当大的空白，或许风能、太阳能可以填补空位。但所有人类会非常怀念化石燃料，是它为我们提供温暖、供给运输和驱动设施，是它提供了所有的能量来支撑我们安全和舒适的生活。

另一篇文章写道：

化石燃料死于一种名为贪婪的长期慢性病。化石燃料离开了在中东的家和前任总统小布什与其他内阁成员。目前，世界正在适应用石油来取暖，并通过太阳能、风能来发电照亮世界。还有几个问题需要解决，还有困难需要克服。我们还能这样温暖吗？想念你，化石燃料（再度强调）。

"在一篇又篇的讣告之中，我们常常看到的字句是化石燃料让这个国家温暖而强大、没有东西能够取代它的地位，"基恩说，"太阳能和风能还没有做好准备上场。民众说化石燃料是一个必要的恶魔。"

不过这里听到的不总是坏消息。每位受访者都知道什么是清洁能源，他们也都希望清洁能源管用。他们可以很自信地讨论，一点也不迟疑。许多人都听过燃料电池。他们相信如果我们开发更多的清洁能源，世界会变得更美好。他们相信这对健康和环境会更好。

但结果是，错误的观念和资讯相当泛滥。研究人员发现，尽管多数人了解清洁能源的好处，但他们以为自己得在家里安装风力发电机，如果遇到多云或无风的时候，电力可能会断断续续，或者认为这其实只是一种交换，要他们减少暖气或空调的开放。

基恩听到的另一种说法是："没有人在电视上讨论这件事。当左邻右舍都没人安装太阳能电板时，我们会觉得很正常。但如果人们在电视上看到关于清洁能源的介绍，就能了解它的潜力。电视是最有利的证据。"

基恩的焦点小组访谈还进行了一系列能反映出爱国主义、安全、工作和其他主题的测试。而获得最多回应的是一幅芝加哥天际线的图片，图旁的说明文字写着：

美国已经生产出了足够的清洁能源，足以供给芝加哥所有的电力设施，更不用提纽约、洛杉矶、波士顿、费城、凤凰城、圣地亚哥、达拉斯和圣安东尼奥。让我们做更多的努力吧。

这个计划成功了。民众的回应是："我完全不知道这件事，这是真的吗？"他们的结论是，如果清洁能源已经生产出足够的电力供给芝加哥这种大城市所用，可以供给生活所需的用电，那么距离完全使用清洁能源的那一天一定比人们所想的更近了。我们应该生产更多的清洁能源。

基恩的小组知道他们找到问题的关键所在了。原来民众不是真的了解或体会到清洁能源已经存在、清洁能源真的有用。他们据此制作出一系列精巧且有利的平面广告和公告，还有电视、广播宣传片，加上强有力的、权威的配音。

结果，我们这些专家认识到自己了解到的有关清洁能源的信息其实都是错的。假设我们可以了解这些好处，我们每个人都会想要使用清洁能源。基恩说："所有的调查研究结果都显示，几乎每个美国人都认同环境很重要。在以前，清洁能源广告都以环境为主打，但并不太奏效，不是因为人们觉得清洁能源不重要，那是为什么呢？问题在于，这些都已经是旧闻了，不再让人充满激情。大家都很了解环境的故事，所以得用新的信息才能抓住人们的心。"

"所以问题不在于环境，笨蛋，"基恩说，"我们和很多环境团体谈过，如果把这件事当作环境问题来谈，就连环保积极分子也懒得听。

他们都知道清洁能源是好事，他们只是不觉得这方法管用。"

自从这次创新研究之后，基恩每隔 6 ~ 8 个月就进行一次焦点小组访谈研究。虽然一般来说，民众表现得越来越关心能源，特别是太阳能和风能，但消费者在能源的转换上仍存在困难。基恩说这主要有四点困难：第一，清洁能源不可靠。第二，当你说服民众清洁能源真的有用之后，消费者很难想出上哪儿能买到清洁能源。"翻开电话本，我们应该找'清洁能源'还是'可再生能源'？你应该找'太阳能'类还是'水利'类，或者应该找'水电工'类？"基恩问道。第三，成本太高。不论是把钱付给电力公司，让它们提供清洁能源的选择，或是向可再生能源电力公司买卖 1% 的能源，还是要在屋顶上安装太阳能电板，这笔费用都颇为可观。第四，许多人认为，如果购买了清洁能源，他们或多或少要选择另一种生活方式，但自己却没有准备好作出承诺。就像基恩所解释的："大家还是觉得，清洁能源是环保人士使用的环保用品，是那些吃有机食品、穿麻质衣服的人士的选择。但很多人不希望接受这样的生活方式。民众说：'嘿，我已经够忙了，要上班、照顾小孩，还要整理房间。你要我怎么办？我们哪有闲工夫实践这种理想？'这也激起了人们对环保运动最坏的负面印象。"

不过还有一种相对抗的力量。基恩说："当你告诉消费者，他们的小行动可以产生巨大的影响时，他们真的会采取这些小行动。所以，当我告诉他们不仅每月可以替家里省下 14 美元，每年还可以减少 4 吨的温室气体时，他们就会对此感兴趣了。这也可以让他们在控制温室气体上发挥小小的作用；之前人们一直觉得对这种事一点劲也使不上。"

换句话说，你越让人觉得大权在握，他们就越不会使用这种权力。

基恩总结道："在能源效率上，人们似乎更愿意成为解决方案的一环，但前提是这个解决方案不能妨碍到他们的生活。"

对企业战略制定者来说，这个教训就算不太清晰，也应该没有什么疑问：你假设消费者对高端产品和服务的认知和感觉与实际不太一致。如果你只专注于民意调查和研究，只看到他们表示响应或愿意购买你销售的产品，结果可能会面对一个不怎么愉快的惊喜。你必须挖得更深一点。花多点时间了解消费者兴趣的深度和广度，以及他们的迷思和误解。你可能会认识到：虽然你的产品有很大吸引力，却仍存在很多认知上的问题，虽然不全是你造成的，但却坏了大计。

对于由回收纸制成的产品，如面巾纸、厕纸、影印纸等，这点体现得更充分，因为这些产品在过去总是给人品质低、价格高的印象，或者让人觉得很麻烦。人们对它们的认知很难改变。即使你的产品可以克服以往的问题，但还是需要消费者更深入了解，才能让他们改变观念。屋顶的太阳能、可充电池、轻巧的荧光灯泡、绿色清洁产品、有机纤维服饰，这些绿色概念产品刚进入市场时，不管在可信度、价格、美感和使用方便程度上，都远远比不上传统产品。所以绿色产品都要经过漫长的路程才能克服这些短处，但是仍然多少会受这些早期的经验和印象的困扰。

就像基恩所说的，清洁能源就像四十年前的吸尘器。在当年，吸尘器业务员会说："我是来推销吸尘器的。"家庭主妇可能听说过吸尘器，但是家里没有，而且可能也不相信它的清洁度能达到她想要的标准。所以，业务员会在家中地板上撒上尘土，然后用吸尘器来证明它真的管用。这是非常有喜剧效果、也非常管用的销售方式。销售员接着会去下一家继续推销吸尘器。当然现在我们不需要挨家挨户拜访吸尘器销售人员，你可以在数十家商店或是网店买到吸尘器。每个家庭都可能有一台吸尘器。

今天的清洁能源市场就像当年的吸尘器市场。某些社区真的有销售人员挨家挨户地推销，试图要说服屋主，清洁能源真的有用。但是现在很难展示给消费者能源是怎样运作的，很难达到将尘土清理干净那种效果。所以，挑战在于找到可行的方法展示清洁能源的潜力，让消费者亲眼看见，去除所有的疑虑。

基恩说："要了解清洁能源，消费者需要在自己社区里看到它的存在。他们需要到市政府、沃尔玛超市或史泰博商店，观察它实际是如何运作的。"这么一来，转递给民众的信息是："如果沃尔玛超市相信这玩意真的有用，那对我来说也一定够好了。"当这个办法开始奏效之后，你就可以在营销食物链上抓住消费者了。最后，你可以让他们真的开始购买清洁能源。

基恩让消费者逐步改变对绿色产品看法的这个方式很有道理：握着民众的手，向他们证明绿色产品的作用，然后要求他们在一个较短的合理时间内逐渐改变以前的行为。这其实是带消费者经历一段路程，而不是要求他们为改变而改变。一路上，产品制造商也能一步步改善，建立可持续的、有序的市场，最终带来市场的成功转型。

这是一个传统的、务实的方法，也是通往成功的合理路径，能让我们做出调试，应对所有研究得到的结果——民众都想要绿色产品，但不常购买这些产品。

因此结果是，民众就是不觉得它们管用。

第20章

两个圆饼图的故事

两个圆饼图的故事正好可以说明，一个长期以来被认定的事实有时会怎样掩盖更大的问题，以及背景怎样比内容更有威力。这个例子说明了，为何大众和企业会专注于一些其实未必对环境破坏最大的环境议题或者企业运营。对于那些在大众关注的焦点已经改变时，还一直讲错误故事的企业来说，这个例子也是一个很好的提醒。

圆饼图一（见图20—1 左）是包含六个分块的圆圈，代表国内垃圾的种类，大部分为一般固体废弃物（Municipal Solid Waste，MSW）。你一定看过其他这类的图。图中显示，美国人的垃圾中有1/3是纸张，这几乎是庭院废弃物、食物残渣和塑料的总和，后面三者各占垃圾总掩埋量的12%。之后是所占比例比较小的金属、橡胶、纺织品、皮革、玻璃、木头，以及其他材料。

　　一般废弃物圆饼图对于环保圈里的人来说都很熟悉，也是各种主张和争议的来源。举例来说，塑料业会用这张图来"证明"：比起纸张和纸板，塑料包装和塑料袋并不算什么环境问题，至少不是固体废弃物的主要问题。看来每个人都可以从中找到一些安慰。

　　但另一张图却没有人见过或者讨论过。第二个圆饼图（图20—1右）大多了，代表每年130亿吨的垃圾，相当于固体废弃物圆饼图的65倍左右。这张圆饼图甚至没有正式的名称。我把它称为国内垃圾总额（Gross National Trash，GNT）。

民众固体废弃物　　　　　　　　　　**国内垃圾总额**

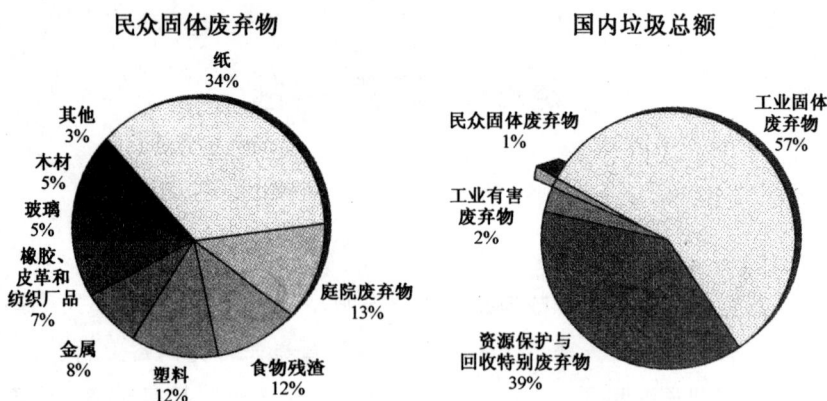

纸 34%
其他 3%
木材 5%
玻璃 5%
橡胶、皮革和纺织厂品 7%
金属 8%
塑料 12%
食物残渣 12%
庭院废弃物 13%

民众固体废弃物 1%
工业固体废弃物 57%
工业有害废弃物 2%
资源保护与回收特别废弃物 39%

图20—1　民众固体废弃物仅占国内垃圾总额的1%

　　国内垃圾总额中最大的一块，是比重为57%的工业固体废弃物，它们来自纸张、钢铁、石头、黏土、玻璃、水泥、食物、纺织品、塑料和树脂、化工制造，以及其他产业和工艺的处理过程。这些废弃物都是在装配、合成、造模、制造、焊接、挤压、焊接锻造、蒸馏、提纯、提炼和与调制被统称为材料成品或半成品的过程中所产生的。

　　国内垃圾总额中比较小的一块，大约占39%，是被称为"资源保护与回收特别废弃物"的东西，指的是美国1976年资源保护回收行动（Resource Conservation Recovery Act）所定义的废弃物。包括医院废弃物、水肥、工业程序废弃物、屠宰场废弃物、杀虫剂容器、焚化灰等。这是我们工业社会每天都会产生的碎屑，是工业创造出的废气、废水、渣滓和残骸。

国内垃圾总额中的第三块，大约占2%，是工业有害废弃物，是由油漆、杀虫剂、印刷墨水和数百种制造流程中所使用的化学物组成的巫婆汤，总共有近 500 种，从乙腈（CH_3CN）到福尔马林（$C_6H_{12}N_2S_4Z_n$）都有。

国内垃圾总额中的最后一块，大约占1%，是指民众固然废弃物，即代表了所有的一般固体废弃物。

国内垃圾总额还未包括企业与工业所产生的所有废弃物，举例来说，美国农业废弃物也高达数十亿吨。可以说，我们制造出来的垃圾，比一般的废弃物专家、环保人士和民众所知道的垃圾还要多很多。

重点在哪里？重点在于国内垃圾总额的故事被揭露出来是迟早的事，民众迟早会认识到，每有 1 磅一般固体垃圾被掩埋，上游的工作流程就会产生出超过65磅的垃圾，而这批垃圾对环境和人体的危害，远比报纸和草坪杂草之类的垃圾要大得多。到那时，大家担心的问题就会从饮料容器、购物袋和生活中其他的平凡垃圾转移至幕后，关心起我们购买和使用商品时，其制造、装箱、存储和运输所产生的垃圾。而其他有志于此的团体也可能会开始发现问题。

这不是幻想。全球都会用不同的方式禁止或限制大型零售商店（例如旧金山、奥斯丁、福蒙特州和缅因州）、禁止使用塑料袋和聚苯乙烯快餐盒（例如旧金山、北京和澳洲）、禁止焚烧废弃物（例如爱荷华州、马里兰州、马萨诸塞州、芝加哥、纽约、菲律宾、布宜诺斯艾里斯）、限制柴油卡车通行（奥克兰、长滩还有洛杉矶的港口）、限制电子废弃物掩埋（如伊利诺伊州、印第安纳州、威斯康星州、马萨诸塞州和纽约），并抵制在用水、获取资源、排放碳、处置废弃物、能源需求、土地利用，或杀虫剂使用等方面浪费无度的公司。除此之外，社会也会处罚那些无法提供可靠和透明资讯、未能满足民众知情权的公司。

当记者询问关于国家垃圾总额相关的问题时，你会怎么说？

你会对客户、员工和股东说什么？你又会对家人说什么？

第21章

够好的三个关键

既然没有完整且被广泛接受的标准来定义绿色企业，你又怎样评估你做得有多好呢？你要怎样回答这个问题："多好才算够好?"

由于缺乏一套能适用于所有规模和产业的公司的简单标准，在此我提出了我的高层架构，它是在我与数百名企业领袖、积极分子、主管官员、媒体和其他人士针对企业期望的交谈中发展而来的。基本上，它对公司与其环境成效提出了三个基本问题：

1. 你知道些什么？
2. 你正在做些什么？
3. 你说了什么？

让我们一个一个来回答。

◀——— 1. 你知道些什么? ———▶

很少有公司真的知道企业的行为如何影响到环境。也就是说，它们或许了解直接的影响，但却完全没有往上游追溯（或许是供应商，或许是供应商的供应商），或往下游追溯（客户与客户的客户）环境足迹。当企业花时间找出这些信息后，它们通常会惊讶于这些意料之外的发现对环境的破坏力如此之大。

案例：几年前，可口可乐做了一项调查，评估该公司的碳足迹，也就是其企业运作通过不同的方式直接和间接制造出的温室气体的排放量。这是许多大公司和一些较小企业都会做的调查，因为它们发现自己被迫要了解、呈报并降低排碳量，所以可口可乐小组行动了。

碳排放与可口可乐的多项作业都有关系。举例来说，它们采购了很多容器，有塑料瓶、铝罐和玻璃瓶，而每种容器在制造过程中都会排放温室气体。塑料（说得更明确点，是聚对苯二甲酸乙二醇酯 PET，是大多数饮料容器的原料）来源于石油。生产铝是能源密集的工业过程，而玻璃也差不了多少。可口可乐有 52% 的包装是不可回收的塑料，15% 的包装是铝，15% 的包装是可回收的玻璃瓶、8% 的包装是可回收的 PET 瓶，2% 的包装是钢铁，只有不到 2% 的包装是不可回收的玻璃，还有 6% 的包装是纸盒、铝箔封袋与其他各种材料。可口可乐有 12% 的包装流向了餐厅，多数是用来盛装浓缩饮料糖浆的。

包装制造只是该公司碳足迹的一个开始而已。可口可乐也使用大量的水，2006 年就用了 2 900 亿升水来制作饮料，而且需要其他能源来运输和净化这些水；在加州，大约 1/5 的能源消耗用于运输、抽取、处理水（必须提到的是，可口可乐已经宣布：“到 2010 年底，我们会把所有用于制造流程的水归还给环境”）。该公司拿这些水、包装还有其他原料来制造多种饮料，之后通过卡车和其他方式运送到经销商、零售商、餐厅和其他很多地方。的确，可口可乐承认，如果把全球 20 万辆贴有可口可乐商标的车都算作是该公司的车队的话，这将是全球最大的车队（但事实上，这些车辆中大多数的经营权都属于独立授权商或企业伙伴，它们负责把可口可乐的产品配送到瓶装地点或附近的社区）。这些车辆不管是哪一种，全都使用燃料。而这些流程中的每个环节，从购买、制造到经销，都会造成气候变化。

那么，可口可乐哪部分运营过程排放的温室气体最多呢？

可口可乐最大的排放来源是机器，大约有 1 000 万台的自动售卖机和餐厅的汽水机，还有冷却机以及其他冷藏设施。

不只是这些冷却饮料的装置所使用的能源构成了可口可乐碳足迹的最大部分，可口可乐和其他公司的冷却装置所使用的隔热材料以及冷却剂气体也贡献了不少。在可口可乐，所有的新冷却器都使用无氢氟碳化物（HFC）的隔热材料，因此降低了大约 2/3 的碳排放量。在隔热材料与冷却剂上都会用到的氢氟碳化物，虽然仅占温室气体的一部分，却非常伤脑筋，因为它对气候变化的影响力是二氧化碳的 1 000 多倍。可口可乐在过去十年来也投资了大约 4 000 万美元，试图寻找方法将二氧化碳作为对环境友善的冷却气体（这里有个在工程上的讽刺：最常见的温室气体，来自于燃烧化石燃料发电所产生的二氧化碳，因此为了限制温室气体排放，现代冷却设施越来越多地使用同样的二氧化碳，只不过是用来取代氢氟碳化物作为冷却剂。在这种情况下，二氧化碳比起氢氟碳化物对温室气体的影响要少 1 300 倍）。此外，可口可乐也引进了专利的能源管理系统，减少了多达 35% 的能源使用。如果把这些加总起来，从无氢氟碳化物隔热材料、无氢氟碳化物冷却剂到能源管理系统，可口可乐公司说每台最新的贩卖机和其他冷却装置，在设施的整个生命周期内可以减少 3 吨以上的碳排放量。

可口可乐承认，该公司不是独立达到这个效果的。环境和水资源副总裁西布莱特（Jeff Seabright）解释："我们接到的质疑和挑战，其中一部分是来自绿色和平组织（Greenpeace），因为我们很早就开始采用蒙特利尔议定书（Montreal Protocol）的标准，在这个协议生效的前一年便已经开始淘汰氢氟碳化物。作为一个以品牌和声誉为生存基础的公司，我们是绿色和平组织在 2000 年悉尼奥运会时的头号目标。它们开始提出质疑，要我们淘汰氢氟碳化物，出乎它们意料的是，我们的回复是："好，我们会这么做的"，这有点像在活动还没有开始就摧毁了它们的制胜武器。"

可口可乐也不是唯一在此议题上付出努力的公司。对许多公司来说，冷却器材都是能源怪兽，也是空气污染的根源，从杂货店、仓储、大型零售商到食品服务公司都深感苦恼。企业正在驱使制造商创新科技来降低能源的使用和成本。为此，可口可乐还加入了天然冷却剂联盟（Refrigerants Naturally），其他联盟成员还有其对手百事公司、活跃组织团体、绿色和平组织、联合国环境计划（UN Environment Programme）、麦当劳，还有联合利华（Unilever）等。根据网站上的资料（www. regrigerantsnaturally. com），这个联盟旨在"锁定销售点的冷却设施，以天然的冷却剂取代有害的冷却剂，来改善气候变化和臭氧层枯竭"。

这里还有另一个"小调查得到意外收获"的例子。绿色家庭和个人保健用品的制造商先驱——七世代，对最先进的洗衣剂做了一份生命周期调查研究。这里同样要考虑到整个制造过程。先购买不同的材料，加水混合，把溶剂放到塑料瓶里，然后再放到纸盒里，最后将纸盒运送至零售商。最大的影响在哪里？七世代得出的结论是："所有产生的温室气体中，有96%都与清洗阶段有关。"说得明确一点，大部分温室气体的产生发生在消费者用热水洗衣服的时候。因此，在2005年，该公司推出了冷水洗衣剂。宝洁也发现，在公司产品的整个生命周期内，消耗能源最多的环节就是洗衣服，所以它们也推出了冷水汰渍洗衣剂。这表示，宝洁公司价值900亿元的350种消费产品，其取料、制造、包装、使用、运输与弃置时所消耗的能源，都比不上家庭洗衣所消耗的能源。宝洁的全球永续经营副总裁索尔斯（Len Sauers）表示，3%的家庭能源用于加热洗衣服的水。索尔斯说，或许对许多消费者最重要的是，冷水洗衣剂可以为一般家庭每年省下63美元的能源开销，这或许可以抵消一年的洗衣剂费用。

这样的调查不只限于制造业或民生消费品公司。许多公司也有类似的经历，从意料之外的来源得知重大的环境影响。对某些企业来说，最大的影响就是厂房和设施的营运。对部分公司来说，最大的影响则是主管的出差和员工的通勤。另外一些公司，最大的影响则是一件产品对消费者无用之后的处置问题，是该回收、再制、焚烧还是掩埋等。

那么，贵公司对环境的最大影响是什么？除此之外还有哪些呢？这些冲击来自于你的直接运营，还是上游的原料采购，或是下游的产品销售与使用、生命周期处置，又或者是完全不同的方面呢？

对此你知道什么？

← 2. 你正在做些什么？ →

既然你知道自己会带来哪些影响，你是否有计划地降低或消除这些影响？似乎每周都有至少一家以上的公司宣布，要采用新措施来降低能源使用、投资新科技、提升报告质量和透明度、绿化供应链、消除废弃物、引进新产品等。在源源不断的新闻稿发布之外，还有无数的公司在默默无闻地采取着同样的措施。这些作为其实都不只是为了环境，这些方式也能降低成本、减少风险和责任、创造更健康的工作环境、鼓励并让员工快乐，还能提供其他有形或无形的好处。

许多企业都有百分百的承诺，例如，其产品100%由可再生原料制成、碳中立、零废弃物等。举例来说，许多公司都号召要实现零废弃物。在美国、欧洲和亚洲都有零废弃物企业联盟，提倡采用可以降低废弃物掩埋或焚化的制造流程，采用流量缩减、回收与封闭式的流程。除了零废弃物网络之外，还有其他的企业联盟想要努力达到"零境界"，例如零毒物联盟、碳中立联盟、零排放研究机构等等。零废弃物国家联盟在澳洲、加拿大、印度、新西兰、南非、英国和美国，都有其零废弃物分支机构。

零废弃物的想法至少产生于十年以前。20 世纪 90 年代，几家美国、亚洲和欧洲的公司雄心勃勃地想要减少其产品生命周期中的各种废弃物。全绿公司（Xerox Corp.）在 1991 年便设定了零废物工厂的目标。设定零废弃物的目标在日本的企业中很流行，日立（Hitachi）、麒麟（Kirin）、夏普（Sharp）、欧姆龙（Omron）这些企业都至少有一座零废弃物工厂。

现在，大公司都设定了大目标。举例来说，2006 年，本田汽车（Honda）宣布该公司将在印第安纳州格林斯堡打造一座 5.5 亿美元的零废弃物汽车工厂。一年之后，可口可乐承诺要回收相当于在美国其销售总量的塑料瓶。可口可乐也宣布要兴建 6 000 万美元的回收厂，堪称全球最大，地点就设在南卡罗来纳州。这座工厂每年会生产约 1 亿磅的食品等级可回收的聚对苯二甲酸乙二醇酯塑料，供再使用。2008 年可口可乐又把铝罐加入到 "100% 计划" 中。耐克的长期环境目标包括：零毒物、零废弃物和 100% 的封闭式制造系统。通用汽车、斯巴鲁（Subaru）、丰田（Toyota）汽车都是拥有零废弃物制造工厂的汽车公司。政府也采取了行动：加州的两个郡已经采取了零废弃物的目标，而北卡罗来纳州的卡布罗郡也是。就连比较小的公司也展现出 "零的味道"。举例来说，在科罗拉多州，有间波尔德饭店（Boulder Outlook Hotel & Suites），提供一条龙服务，3 800 平方英尺的会议厅，还有 162 间客房，这家饭店也追求零废弃物的目标。其中一项创新是，每间客房都有一个袋子让客人可以塞入可降解的垃圾物，如食物残渣和面巾纸。还有 Integrated Design Associates 公司在加州圣荷西的总部，这家重新装修过的银行声称是美国首栋 "净零" 建筑，大楼所产生的能源相当于所消耗的能源，因此不排放任何二氧化碳。

当然你的目标不需要是 100% 或者零，多数公司的环境目标都在这中间。这个具有挑战性的目标会成为它们在未来几个月或几年的灯塔。

在一切讲究透明的时代里，设定环境目标然后公开宣布或许还不够。你需要通过竞争对手、活跃分子、员工、客户还有媒体的监督，你可能还需要公布政策、流程、过程中的指标以及成效，说明你已经达成了的或未达成的目标。在民众的聚光灯下运营不是做生意最理想的方式，而且也有万一未达成目标的风险。但同样的，如果你能完成目标或者超目标完成，也有机会赢得民众的青睐。只不过你可能没得选，只能公开自己的经营运作。

所以，贵公司会怎样做，会设定什么目标让自己能从产业、市场或社区中的类似公司里脱颖而出？贵公司又会如何设定、衡量目标并与各方沟通？

←—— 3. 你说了什么? ——→

在以前，做环保而不张扬会被认为是一种资产。在少许或完全没有人注意的情况下进行环保设计的公司才没有什么风险。不是这些公司不想让世人知道它们优良、绿色的计划，而是说出来的风险往往超过了执行计划的好处，Levi's牛仔裤的有机棉故事就是一个很好的例子。公司执行计划时想的是："让他们发现我们在做好事。"

这种做了环保工作却不想让人知道的日子已经结束。现在，消费者、员工、活跃分子和其他人都预期到，公司想要揭示它们正在做什么以让自己成为优良的环保公民。他们还想知道细节：决心、目标、进程、时间表，还有整体情况，最好还要有第三方的证明。公司现在只说："相信我，我们正在努力"已经不够了。

这只是个开始，企业的运营一定要以利益相关者的最高期待为标准（虽然这个期待通常是不切实际的），也就是说：企业会让自己转向更环保的道路，不论这么做会有什么商业后果。

在这样的情境下，你要讲什么故事？你又会怎么说？

毕竟许多企业的成功都来自于讲故事：我们讲给员工、客户、不同企业伙伴和利益相关者的故事。还有我们讲给自己关于作为个人和组织的意义的故事。故事不只是营销、广告中的那些故事，还有最基本的故事，也就是企业文化和沟通方式、洞察力和价值观、对市场做出的保证、创新和奖励员工的方式等等，还有很多。

谈到环境和永续经营，讲故事的角色就显得更重要了。想好一个主题，故事一方面要涉及连专家都没有一致认同的科学复杂性，另一方面，还要涉及我们的健康、家庭、社会还有未来。换句话说，它牵涉到头脑和心灵、理智和情感、事实和感受。它使得公司更有人性，也是走向信息透明的第一步。讲故事就是有效传递想法的最佳方式。

顶尖的公司会用许多的方式将自己的环保故事告诉给不同的大众，有时候是告诉给所有的民众。这些故事都是由资深管理阶层传达给下属和业务人员的。这些都是真诚且真实的故事，不仅仅包括所执行的过程，还有有待完成的工作。

* * * * *

从最后这三个问题（你知道些什么？你正在做什么？你说了什么？）的回答上，可以看出这家公司是否走上了正轨。可以合理地回应这些问题的公司，更能得到重视，被认为是"够好"的公司，不论"够好"对个人或机构来说代表着什么含义。

的确，这算是很低的标准，目的只是了解你对环境的影响。你只用公布一个减轻污染的计划、公开你的承诺和进展，这些其实都无法保证你的公司会变得更环保，更别说保证你的公司在绿色经济里健康发展。理论上，只要发几篇写得比较好的新闻稿，贵公司就可以做到上述三件事。当然，任何这样的努力都是好处有限、风险较大的。让认知跑到现实之前的公司，通常会更容易因为自己的名声而惹上麻烦。

最后，这三部分架构只是个开始，是一个粗略的基准，让你可以评估贵公司在环保承诺上的深度和广度。它也有助于公司定位，有助于制定出强大而具有影响力的策略，有助于抓住绿色经济提供的机会。

Part 4

从这里到永续经营

逐渐成长的绿色经济无处不在，从缝隙角落里也能窥见生机：从敏锐的、以价值为导向的小公司到沉稳的大公司，从本地企业家的小社群到全球密集的企业网络，从热情的部门主管（不顾一切也要让公司拥有绿色策略）到冷淡的运营经理（只想要提高生产效率），从从未宣传过绿色方案的企业，到把绿色拿来大做文章的公司。绿色经济的生机体现在，地方政府官员拼了命也要让社群的环保领袖地位转化为经济和人力发展的引擎；也体现在，大学校长把环保领袖地位视为吸引最棒、最聪明人才的方法；更体现在，忧心、热情、注重形象的民众想将对环境的关心和环保价值观融入购买决策中；它也存在于，将零用钱用在绿色决策方面的孩子们心中。在我们常逛的商场并不能明显地观察到绿色经济的存在，它常常藏在产品的源头：材料的选择、使用的制造程序、包装材料的数量和品质，或者是制造或销售这些产品的公司的效率或先进政策。

但是，不管看得见还是看不见，它都存在，而且是持续存在的。企业的绿化就像是泼出去的水，无法收回。当企业摆脱了废弃物、各种低效率、碳排放、能源密集、有毒物质、过度包装、非可再生能源的困扰后，就算能源价格下降，或者是民众的注意力转移到其他事情上，企业也不可能再走回头路，用浪费的旧方式运营。经济的绿化是一场无法阻挡，也无法抹去的革命。

就像所有企业革命一样，问题在于，哪一方会获胜、哪一方会落败？是市场中的卫冕者（有市场影响力、可以规定产品、流程、供应链和市场的转型方向的大企业），还是挑战者（规模较小、刚成立，还没有肩负重新改变传统系统和关系的责任，也不害怕重新思考成熟市场和商业模式的小公司）？

创新的近代史告诉我们，结果会是两者的巧妙结合。由新企业突破性地创新后，较大的企业将创新商业化。因为老大哥有能力配置资本、接触市场、创造规模经济。但同样的简史也显示，大、小企业都要面对风险。试想一下，1998 年道琼斯工业指数（Dow Jones Industrial Average）所包含的 30 家公司，有 6 家已经不存在了；联合信号（Allied-Signal）、美国罐头（American Can）、伯利恒钢铁（Bethlehem Steel）、德士古（Texaco）、联合碳化物（Union Carbide）、伍尔沃斯（Woolworth）。而 AT&T，只有名字还在，原本的企业早被拆分为数家公司。至于其他公司，例如伊斯曼柯达（Eastman Kodak）、IBM、希尔斯（Sears）和西屋（Westinghouse），现在看起来也与当年不同了。在许多产业里，先锋未能活下来。巴勒斯（Burroughs）、得吉电脑（Data General）、迪吉多电脑（Digital Equipment）、安讯资讯（NCR）、斯伯里（Sperry）、尤尼维克（Univac）还有王安电脑（Wang）这些 20 世纪七八十年代的顶尖电脑制造商都是例证。

当然，小型创新型公司风险更大，因为成功者通常也会被更大的公司吞并。绿色运动早期（20 世纪 70 年代末到 80 年代中期）的创新者，似乎都是在理想主义的风潮下兴起的。当时的先锋，从冰激凌制造商科恩（Ben Cohen）和格林菲尔德（Jeffy Greenfield）、石原农场的贺许博，到美体小铺的罗迪克（Anita Roddick），到 Aveda 的瑞秋贝克（Horst Rechelbacher），再到巴塔哥尼亚的修纳（Yvon Chouinard），以及 Odwalla 的史戴腾博（Greg Steltenpohl）、七世代的荷兰德（Jeffrey Hollender）和缅因汤姆（Tom's of Maine）的柴培尔（Tom Chappel），都被认为是商业和良知的结合者，他们以良知为首来征服商业，聪明、大胆地取代了营销计划和预算，也为企业节省了数百万美元的广告费。

举例来说，Ben Jerry 冰激凌刚起家时，利用蒙佛特州柏林顿地区的老加油站外墙免费播放电影给社区居民欣赏。石原农场为奶酪抢占德州市场，提倡驾驶者把轮胎充满气，以提升燃油效率。石原农场的员工会站在路旁，手上拿着"我们支持打气"的标语，然后在一旁发放贴有公司标签的轮胎气压表，并附上一杯奶酪、一个汤勺，还有一张折扣券。记者和新闻制作人觉得这个极具创新精神的技巧相当新奇，纷纷争相报道，让石原农场取得了如宗教般的消费者忠诚度。这些早期成功的公司大多数都被跨国企业所兼并，这些跨国企业包括可口可乐（买下欧德瓦拉）、高露洁（买下缅因汤姆）、雅思兰黛（买下 Aveda）、欧莱雅（买下美体小铺）、联合利华（买下 Ben Jerry 冰激凌）。当年的企业里，只剩巴塔哥尼亚和七世代等几家公司，仍由创办人所有。

问题在于：这样抱着热情和政治态度而生的公司，一旦成为主流后，会有什么变化？上述的天然产品市场就是一个例子。走一趟天然食品展（Natural Products Expo），在产业年会的偌大展厅里逛一圈，你肯定会为其产业成长的速度所震撼。它的主要零售商——全食市场现已荣登《财富》五百强，但同时，你也会惊讶这个产业已经丧失了热情和其政治态度。

这件事不容小觑。很多人说过（其中最著名的是加州餐饮业沃特斯（Alice Waters）），"吃东西也是一种政治行为"，不过在天然食品展的会场上，参观者并没有感受到这一点，至少 2007 年我去的时候就不这么认为。活跃分子到哪里去了？怎么不见那些倡导家庭农场、动物福利、本地食品、农夫集市、诚实美国标签法，鼓吹慢食、非基因改造食物，提倡让金字塔底层的人们也要有健康食物、支持遗传多样性、有机营养午餐，以及重视集约畜牧和气候变化的相关人士？我怎么找不到他们。

这让我开始担心食品和绿色经济的未来。在心怀环境的公司逐渐成长、市场走向成熟之际，这些支持它们产品和服务的态度会不会也被扭曲，或是在营业额增长、并购、收购之后一并被忽略了？在绿色企业急着要抢占市场时，它们会不会也牺牲掉生物的多样性，造成林木采伐、饮用水污染、哮喘病流行、物种濒临灭绝、湿地流失、核能废弃物泄露呢？

别误解了我的意思，我不是反对企业发展壮大。我只是希望企业不要为了业绩出卖灵魂。

第22章

绿起来还是绿出去？

　　下面两个策略哪一个比较好，是逐渐把现有的产品都绿化，还是发展出一条全新的绿化产品线？许多公司都面临这样的经营岔路，而且这里没有正确的答案。举例来说，汽车制造商就在这样的路口停步：是应该持续休整改善现生产的车辆，让它们更有效率、对环境污染更小（但却没有任何一辆车能有大幅改善），还是应该集中科技和营销力量，推出一款非常"绿"的车，具备所有现有的公关潜力？第一个策略是通用公司的典型做法，把所有的车辆变得更环保，第二个策略则是丰田公司的方式，推出一款 Prius 混合动力车。其实这两家公司都同时采用这两种策略，只不过各自因其中一种策略而出名。

　　这是个困难的抉择：从长期经营和环境保护的角度来看，持续改进很有道理，但是从营销上看并不怎么有吸引力。"本车行驶一公里排放的二氧化碳量的克数比去年的车型还要少 12%"，这种事情很难拿来大做文章，即使它对人类和地球有很大益处。但是，如果引进一款全新、更绿的产品或品牌，让你有机会大吹大擂，即使事实上这项产品仅占公司销售的一小部分，那么这项产品也很可能掩饰事实上公司所属产品都没有改进的现实。如果被积极分子逮住这个看似虚伪的公司立场，这么做可能会被扣上"漂绿"的罪名。

不过，这两者都是有效的方式，而且各有优缺点。接下来两家清洁剂公司的故事就是很好的例子。

←── 绿起来 ──→

首先登场的是庄臣公司，庄臣收购了拉辛五金（Racine Hardware Company）的拼花地板事业部，于 1986 年创办了庄臣公司。两年之后，它们推出了庄臣地板蜡，用来保护这些地板。现在由创办人的后代强森（H. Fisk Johnson）所经营的庄臣公司，是化学消费品的主要制造商，庄臣 2006 年的市值超过 70 亿美元。2007 年，《福布斯》（Forbes）把它列为第二十九大私人公司，它旗下的经典产品包括 Drano、Fantanstik、贾璐（Glade）、欧服（Off）、雷达（Raid）、保鲜膜（Saran Wrap）、Windex，还有密封塑胶袋。

2001 年拥有康奈尔大学化学和物理学学士、工程硕士、营销和财务管理硕士，以及物理博士学位的强森，推出了"绿色清单"，这是一套原材料分类系统，旨在提升公司产品的环保属性。之后，这套系统也被环保人士作为降低有毒物质的"黄金标准"。

"绿色清单"把庄臣公司的所有商品分为几个简单的级别，3 是"最佳"，2 是"比较好"，1 是"可接受"，0 则是"限制使用材料"。总分则是根据该公司所采购的监控原料的重量来计算的。该公司的全新或改良配方产品，都必须要经过绿色产品流程。绿色清单的目的在于通过降低或消除得分低的原材料，以持续提高产品的总得分。当该公司进行第一次评分时，产品的平均分数是 1.2（满分是 3.0）。到

2008年初，平均分升至1.52。该公司表示，这符合达到最终目标的进度。让这个同类相比较的方法更具难度的是，事实上当庄臣公司刚开始实施绿色清单流程时，只需检查五大类的原材料，但现在却需要检查十九大类的原材料，总原材料是当年的四倍。

何必这么麻烦？强森解释："这是因为基础核心产品就是我们的面包和奶油，持续改进企业最关键的核心产品是很有必要的。我们在此流程里投入了相当多的时间、精力和努力。之所以花时间是因为必须要保证或改善产品的质量，又不能增加额外的成本，至少在多数情况下是如此。"

强森举出了成功和失败的例子。举例来说，重新调制在智利销售的地板浓缩清洁剂时，庄臣公司用可降解或者是无挥发性的有机化合物的原料，来取代七项限制使用的原料；挥发性有机化合物会造成室内空气污染和室外霾害。新配方的产品清洁效果更好，制造成本也低，而且由于庄臣规定，不能把含有限制使用的原料的配方运输到生产地以外的国家，现在新配方既然不含有限制使用的原料，当然就可以出口到其他新市场。不过，在另外一个例子里，去除保鲜膜中的氯后，产品的质量就变得比较差，导致销售量下滑了50%。

不过总的来说，"绿色清单"对于庄臣公司来说还是利大于弊——打造出了强大的品牌形象，让公司成为思维领袖里的绿色标杆，也与联邦和地方政府建立起良好的关系以降低运营成本，并提高了创新能力。结果也显示系统化的绿色产品可以带来许多好处。

不过"绿色清单"不一定能让庄臣的产品在超市热卖。庄臣很少有产品做出夸张的环保宣言。多数购物者在浏览货架上的商品时，很少有人了解Drano或其他产品的绿化版本。他们不太可能会记得庄臣公司执行绿色计划的时间比其他公司都要长。举例来说，庄臣早在20世纪70年代（法律规定之前），就开始淘汰会让臭氧层枯竭的氟氯碳化物；约在1993年就开始淘汰盥洗产品中的对二氯苯，因为这种污染物会堆积在食物链中。庄臣在 2002 年也淘汰了用氯漂白的包装纸，因为氯会污染空气和水。另外，该公司也重新调制了 Windex 的配方，减少了将近 200 万磅的挥发性有机物，但清洁力却增强了 30%。

到了 2008 年，眼看着市场越来越能接受绿色信息，该公司开始把"绿色清单"的称呼加在类似 Windex 的产品上，来暗示这类产品基本不含有挥发性有机化合物。的确，这些故事不容易说得好。"有一部分困难在于，这是一个非常复杂的主题，而且事情总有取舍，对于什么对环境有益、什么对环境有害，大家的意见有很大的分歧。"强森说，"就拿天然材料来说，我们可以用天然的活性剂或包装材料，例如把聚乳酸作为包装材料。如果把它放进堆肥系统里，它是可降解的，但是如果将其掩埋，它是不可降解的。我只想举例说明这个问题有多复杂，尤其当我们大家都越来越要求信息透明、用真实的数据进行沟通（许多人都没有这样做）时。"

◄——— 绿出去 ———►

庄臣公司最大的竞争对手是高乐氏（Clorox Company），这家令人尊敬的公司创立于 1913 年，当时五名加州创业者各投资了 100 美元，成立了美国第一家商业规模的液体漂白剂工厂。1914 年他们把产品命名为高乐氏漂白剂，现在，高乐氏是一家价值 50 亿美元的公司，就像庄臣一样，拥有许多知名品牌：Glad、HandiWipes、liquid Plumr、Pine-Sol、Formula409、Kingsford 碳、S. O. S. Pads、Brita 滤水器、Hidden Valley 沙拉酱，还有 Burt's Bees 个人保养品。

直到 2008 年，高乐氏在环境保护方面几乎交了白卷。20 世纪 90 年代，我曾和高乐氏的一群高层主管聊过绿色市场，不管当时高乐氏对绿化自己的产品有多大兴趣，却都没有付诸行动。从环保的观点来看，它不是领导者也不是落后者，只是缺乏有意义的架构。该公司一直遵纪守法，也加入了几个自愿减少废弃物和废气排放的计划，环保表现也获得了一定的认可。2006 年，来自可口可乐的诺斯（Don Knauss）加入高乐氏之后，该公司开始意识到，环境和社会可持续发展对公司的重要性与日俱增。因此，高乐氏很快开始减少包装，并开始计算北美地区营运的碳足迹，不过它并没有在网站或任何印刷品上公开这些行为。

该公司有个疑问是，其旗舰产品——家用漂白水，被环保人士认为是环境保护的一大污点，尽管该公司声称这项产品其实很安全，只是被误解了。高乐氏解释，家用漂白水是一种以水为基础的溶剂，含有6%的氯化钠，化学式是 NaOCl，也就是食盐（NaCl）加上一个氧分子（O）。这就是说漂白剂来源于盐，最后也会分解成盐。它当然不能喝，不过你也不想喝下一整杯的盐水。而且，高乐氏也指出，漂白水的杀菌效果非常好，世界卫生组织和其他机构都可以为其作证。

某些环保人士却不同意，并警告说漂白水有毒且有腐蚀性，而且可能会使饮用水产生致癌物。高乐氏当然否认，在网站上写道："漂白水的制造循环从生产到使用到最后的产品终期，都是简单且可持续的。"

2005 年，高乐氏公司里有一群人开始调查绿色清洁剂市场，并进行市场研究。通过一次市场区隔调查，他们发现市场上大约有13%的消费者是所谓的"避免化学物的崇尚自然派"，这群人想要更环保的清洁剂，但又觉得市面上现有的绿色清洁剂效果不好，或者产于他们没听过或不信任的品牌，又或者太昂贵了（某些绿色清洁剂的定价是普通清洁剂的两倍），而且无法在一般商店买到。这些人想要强力、有效的清洁剂，却又担心会影响人体健康，这些人会说："把窗户打开，把小朋友送出去，我们要开始打扫房子了！"他们想要更环保的清洁剂，但又不相信这些产品有用。除了"避免化学物的崇尚自然派"之外，市场上的其他群体似乎都能接受绿色清洁剂，也对这类产品很有兴趣。

高乐氏看到了一个巨大的市场商机。现有的绿色清洁剂品牌，Ecover、Method、七世代等等，仅占清洁剂市场的1%。市场上有好几种产品也被称为绿色产品，不是因为它们添加了什么原料，而是因为它们去掉了一些原料，例如磷酸盐、氨，或其他被认为有害人类健康和环境的原料。

在环保方面几乎是交白卷的高乐氏化学家们，半信半疑地开始试验，看看是否能制造出效果可以冠以高乐氏品牌的产品，同时又能通过企业的绿色监控。这件事有违化学家的天性，毕竟他们曾经找出正确的比例，完美地将活性剂、水、防腐剂、香精、乳剂和其他一般可以在清洁剂里找到的原料结合在一起。不过，他们还是勇于前进，最后终于找到了一种99%的原料都来自于椰子油、玉米油和莱姆油的配方（最后那1%怎么办？讽刺的是，化学家找不到天然替代品可以取代绿色染剂。他们混合了两种石化物，Milliken Liquitint Blue HP 染料以及 Bright Yellow 染料来做出想要的绿色）。

在团队把成果拿给消费者测试时，他们发现他们研制出了相当有潜力的产品。新产品线"绿效"（Green Works）的营销总监巴提摩（Jessica Buttimer）说："我们公司事实上处于一个非常完美的位置。我们已经有高乐氏品牌了，也拥有良好的营销渠道，还与沃尔玛建立了稳固的合作关系。我们也拥有很大的规模，利润率可以低至20%。"而且，巴提摩和他的团队发现，公司的传统对他们也很有利：消费者相信高乐氏的品牌，也很高兴更环保的清洁剂产自他们信任多年的公司（在2007年巴提摩和他的团队准备推出"绿效"产品线时，我也曾担任过他们的顾问）。

不过最关键的还是，这项产品真的达到了它该有的功效。巴提摩说："我们的产品和畅销品一起做了盲眼测试，在功效上我们的产品都能打成平手或者得到更好的评价，但身为化学公司，你可以想象我们有多惊讶，这个99%以上的原料来源于天然材料的清洁剂，效果和来苏儿、409 以及 Pine-Sol 一样好。"

他们的成果——"绿效"产品线，于 2008 年初盛大推出，而且打破了公司的惯例——与山峦俱乐部（Sierra Club）联盟。山峦俱乐部算不上是对企业最友善的环保团体，但它支持"绿效"，且帮助高乐士推销这些清洁剂，并让高乐氏把结盟标签放在产品上，高乐氏则支付金额不祥的赞助费。在此之前，山峦俱乐部只有唯一一次为大公司的产品做过广告，那是 2005 年支持福田汽车的 Mercury Mariner 混合动力车。

"绿效"看似有潜力成为一个石破天惊的品牌。从环境的角度来说，这个产品的竞争力可以媲美七世代和 Method 等顶尖绿色品牌，功效也足以纳入高乐氏名下，价格比其他绿色清洁剂便宜，而且经销渠道广。沃尔玛超市立刻开始在店里主打销售这款产品。如果绿色消费革命的目标是要让领导品牌制造更多价格合理的绿色产品，"绿效"看来是走对了。

* * * * *

高乐氏和庄臣都不是唯一锁定绿色市场的公司。宝洁（Cheers、Downy、Febreze、象牙、Mr. Clean、Swiffer 和汰渍）、利洁时（Airwick、Calgon、Eletraol、米舒、Spray'n Wash，还有毛宝）、Church & Dwight（Arm & hammer、Brillo、Parsons，还有 Scrub Free），以及其他主要的袋装食品公司都瞄准了绿色市场。研究报告也引起了这些公司的兴趣，如 2008 年 Information Resources 发现："约有 50% 的美国消费者在挑选袋装食品，以及购买这些产品时，会考虑至少一项可持续经营因素。"即使这些数据少个一两倍，其规模也依旧非常惊人。举例来说，根据 Information Resources 的数据，2007 年美国的全效清洁剂销售总额为 4.32 亿美元，这也是"绿效"率先推出的五项产品中的一类。

更有趣的是，庄臣这家私人拥有、传承数代的家族公司，以及名列《财富》五百强第四百七十五名的公开上市公司高乐氏，都用自己的方法来鼓励员工，并激励他们做出绿色创新。强森说："我一直很欣慰公司员工欣赏我们做出的环境承诺，这让他们替自己的公司感到骄傲，也让他们对公司许下承诺。我想外面有许多公司愿意牺牲一条手臂来换取我们公司员工的这种承诺。我想，做对的事，无论是为了环境，或是为了创造一个良好的工作环境，又或是为了给社会做贡献，都会让员工更为公司感到骄傲。"

　　同时，高乐氏的执行官诺斯，也希望让公司的产品都符合三大核心消费者趋势之———永续经营。有了"绿效"、Burt's Bees 和 Brita，高乐氏在绿色市场站稳了脚跟，以此为基础，高乐氏推出了更多的产品。现年三十几岁、有两个孩子，而且已经成为高乐氏"绿效"代言人的巴提摩表示，这让公司更具有活力。他说，"每天都有营销助理、公司新人、销售员问道：'我要怎样才能参与这个项目？'大家都会跑来跟我说，'我爸妈是山峦俱乐部的会员！'看来，每个人都想参与！"

124

第23章

绿色革命

从 20 世纪 90 年代初期开始，零售商就一直想要成为绿色营销阵营里的一员，但效果并不显著。缺乏主要的生态标签、消费者不愿意改变购物习惯，以及许多绿色产品的高价低质特点，都让各大零售商无法把绿色营销当成是区隔因素，至少在 20 世纪 90 年代都是如此。

现在，一切都改观了。来自多方的力量齐力把零售商推向绿色大地，不管他们是否愿意，并且一些大型连锁商店正引领趋势，同时督促上游供应商和下游消费者一同加入绿色革命。讽刺的是，这些环保活跃分子痛恨的零售巨头（活跃分子指出，这是因为零售商导致郊区过度发展，而且它们降低劳工标准以维持产品低价，并让社会更趋向同质化），可能正是打造蓬勃发展的绿色清洁产品市场的一股关键的驱动力。

这里不是说活跃分子没有效率，情况恰好相反，正因为他们持续地给沃尔玛施加压力，要它改善环境、劳工福利，才让这家零售巨头率先改变了营运方式和产品供应方式。一直到 2005 年，沃尔玛都还很满足于浅尝绿色商店的概念。在 20 世纪 90 年代初期，沃尔玛开始在堪萨斯州罗伦斯的店面实行几项节能建筑科技，两年之后，又在俄克拉荷马市郊区兴建了第一座绿色超级购物中心。这些商店里所使用的创新包括：无氟氯碳化物冷冻系统；一套可以提供暖气、通风与空调，并能给店里提供冷气及调节湿度的系统；以节能灯泡和自然光相结合的照明系统；有互动影片展示，并且柜台桌椅皆由回收报纸和大豆制品制成的"生态室"；大厅的地板都是由可回收的轮胎制成，店内设有"绿色导购员"；给拿空瓶回装的顾客提供大幅折扣的软性饮料填充系统；停车场的推车回收区也是以可回收塑料制成的。在设计新店面时，沃尔玛也不断尝试绿色创新。

但是与沃尔玛销售产品所带来的环境影响相比较，这些创新都是凤毛麟角。的确，一直到 Coral Rose 介入前，改变都不大。

Coral Rose 是沃尔玛旗下山姆俱乐部（Sam's Club）的女装采购员。十五年来，她一直过着自誉为"有机生活"的日子，部分原因在于她的双亲均患癌症过世。2005 年春天，Rose 替沃尔玛采购了 19 万套有机棉的瑜伽装束。出乎所有人意料的是，这些粉色运动服几个礼拜就销售一空。这吸引了沃尔玛 CEO 史考特（Lee Scott）的注意，他从中看到了商机。他对《财富》杂志说："我们提供给客户他们想要的产品，若是在服饰专卖店里卖这些商品，顾客可能负担不起。"

没多久，沃尔玛也成立了一个跨部门的永续纤维和有机棉团队。Rose 说："我们的目的在于进一步开发这项新的商业模式，这个新模式从农场开始，并可以通过供应链来与各方利益相关者进行协同合作。"通过与非营利组织进行有机交易的合作，Rose 开始考察传统与有机棉花农场，努力了解如何把更多有机棉带进市场。现在沃尔玛是全球最大的有机棉采购商，并签下多年采购合同保证，因此能协助愿意改种有机棉花的农夫持续、有序地成长。

这段时间以来，史考特与下属大步迈进有机市场，让活跃分子既开心又惊愕。之所以惊愕是因为活跃分子担心，沃尔玛与其他重量级企业（包括卡夫食品、迪恩食品、通用磨坊）大规模采用有机产品，会导致有机工厂遍地开花，以至于降低有机产品的标准（对活跃分子来说这是很典型的挑战，他们要小心自己祈祷的事）。

但沃尔玛不只销售有机产品。从 2007 年开始，沃尔玛鼓励 400 名采购人员与供应商协力开发更具能源效益、包装更少、毒性更小的产品，并采购更符合生态标准的肉类、鱼类和其他产品。也就是说，沃尔玛采购产品时不仅要看它们是否是更好的绿色产品，还要看它们能否达到公司的其他要求和条件。那年秋天我参加了一场沃尔玛在阿肯色州本顿维总部附近召开的会议，会上史考特设定 2008 年的目标是：要让沃尔玛 20% 的销售产品，都要包含有他所谓的"更具生活的创新"理念。要做到这一点，采购人员会要求供应商追求创新，让供应商可以因为自己的努力而获得奖励。在沃尔玛的世界里，这样的奖励可能就是数百万美元的订单，在店内特别陈列、价值非凡的促销机会，或是其他奖励方式。

许多创新都既平凡又有意义。洗衣液就是一例。许多年来，一直都有技术可以使洗衣液更浓缩，包装更精巧。在 20 世纪 90 年代初，宝洁公司引进了"超级"包装，把瓶子尺寸缩小了 20%，但还可以改善更多。不过，对于制造商努力缩小洗衣液瓶子这件事，消费者却泼了一场冷水。困难在于：假设消费者在架上看到两个瓶子，一个容量 64 盎司，另一个容量 32 盎司；但两瓶都能洗同样多的衣服，价格也差不多，消费者一定都会选择大瓶的，因为大瓶看起来比较划算。他们完全不会想到小瓶洗衣液其实容易拿回家，也能洗一样多的衣服。所以，这项创新就被消费者的非理性所惩罚，缩小包装的努力也因而告吹。

但沃尔玛让一切都不同了。2007 年，它宣布只采购浓缩洗衣液，不再采购大瓶装的洗衣液。这招奏效了。制造商别无他法，只能接受沃尔玛的命令。在宝洁的带领下，制造商打造出"两倍浓缩"版本，用容量小 1 倍的瓶子装可以洗同样多衣服的浓缩洗衣液。瓶装变小，包装、运送和存储成本也跟着减少，货架上还可以放更多的产品，这也降低了零售商的成本。当然，将产品重新调配与重新包装的大幅研发成本都由制造商承担（根据一份报告，光是宝洁就花了 2 亿美元），但多数的益处却被沃尔玛收入囊中。不过宝洁也说，两倍浓缩洗衣液可节省 35% 的水，一年可以省下 2.3 亿加仑的用水量，同时可降低温室气体，规模相当于 4 万辆汽车每年的温室气体排放量，而且每年省下的塑料，相当于20 亿个塑料袋的量，更具效益的设计也让宝洁得利。

另一个受沃尔玛影响的例子是 Hamburger Helper 速食面。沃尔玛的采购人员说服制作该产品的公司通过通用磨坊，把波浪状的速食面做得更扎实，这么一来就可以用更小的盒子来装，降低对包装材料的需求，每年省下 90 万磅的纸板，也节省了运送量，相当于让路上减少 500 辆卡车。这样印象深刻的节省量也让沃尔玛的采购人员有理可依，借此说服其他供应商帮忙调整环境与效率目标。正如史考特在 2007 年接受《纽约时报》采访时所言："我们的环境正祈求要用沃尔玛的业务模式。"

当然，沃尔玛不是唯一这样做的零售商。其他零售巨头与超市连锁店也开始要求供应商提供的产品要更环保、包装更少、毒性更低，或是对环境更有益。降低有毒原料一直是关键领域。举例来说，2007年标靶超市（Target）与其他几家大型零售商协力推出计划，降低产品内的有毒原料。在一次健康与环境为主题的宣传活动之后，标靶超市宣布要去除或减少多项产品与包装内的聚氯乙烯（PVC），其中包括婴儿产品、洗浴产品以及餐具。Kmart 和 Sears&Roebuck 也及时跟进，开始排除聚氯乙烯。同一年，英国的玛莎百货（Mark&Spencer）开始盘查产品的毒性，而沃尔玛也宣布要开始实行"优先化学物原则"，建立起一套清晰的标准作为销售产品的依据。法国零售商家乐福

（Carrefour）也采取了多项改善环境供应链的措施，如减少使用热带树木，并创造自有品牌的有机食品等。

但对零售商来说，产品的绿化只是其中一项。几乎所有大型连锁店都采取了提高照明、暖气、冷气和冰箱的能源使用效率，提高车辆的燃料效率，增加回收与堆肥，向可再生能源公司采购电力等许多措施。在多数例子里，这些做法都能节省金钱并减少废弃物。

在英国，零售商行动真正发挥到了极致。举例来说，超市龙头特易购（Tesco）在 2007 年承诺，要点燃"绿色消费主义革命"，这是CEO 李希（Sir Terry Leahy）的说法。在某次演讲中，李希宣布该公司在 2010 年前会让能源使用量减半，并大幅限制空运产品的种类；而经由空运的产品也会明确标明在包装上（一种现代化的标识）。李希也宣布，特易购会是全球第一家把货架上每件产品都标上碳标识的连锁超市。这个标识会记录该公司出售的 7 万种商品在制造、运输、消费时所排放的二氧化碳量。

特易购是英国最大的超市，却不是唯一一家有企业绿色基因的超市。英国的前四大连锁超市特易购（Tesco）、爱斯达（Asda，被沃尔玛所拥有）、圣斯伯里（Sainsbury）和莫里森（Morrisons），都希望成为民众眼中最环保的商店，并纷纷改进自己的产品与营运模式。2007 年我去伦敦访问时，一位朋友形容这是一场"剑拔弩张的比赛"。玛莎百货在当时也宣布，要在 2012 年前做到碳中立，并推出了一项包括一百条行动的计划来达成此目标。这个方案就叫做 A 计划，在每个店里都大打广告。当你在特易购位于肯辛顿高街（High Street Kensington）的店里搭乘电梯上楼时，一旁墙上的海报就足以让你了解 A 计划的目标。

要创造一个标准系统来评估产品对气候变化的影响，绝非易事。即便是要衡量与评估一项简单商品的碳足迹，也意味着要在区分上下游材料与流程，再找到可靠的数据之后，才能说明它们对环境的影响。

以一件牛仔裤为例，这项产品非常简单，只有几个零件，原料也相对较少。牛仔裤的原料当然是棉花，棉花的种植需要大量的水、杀虫剂、肥料、能源和其他原料。要让棉花原料成为丹宁布，需要一连串令人头昏的轧棉与轧磨流程。一般可以在普通牛仔裤上找到的原料还包括：拉链、铆钉、纽扣和扣环，这些东西一般来说都是用铝、铜、铁、锌制成的，每项都需要打磨和精炼成个别的金属之后再电镀打磨。每个步骤都需要能源、水和其他原料，都会排放出气体、水以及固体废弃物，这其中某些物质是有害的（参见图23—1）。

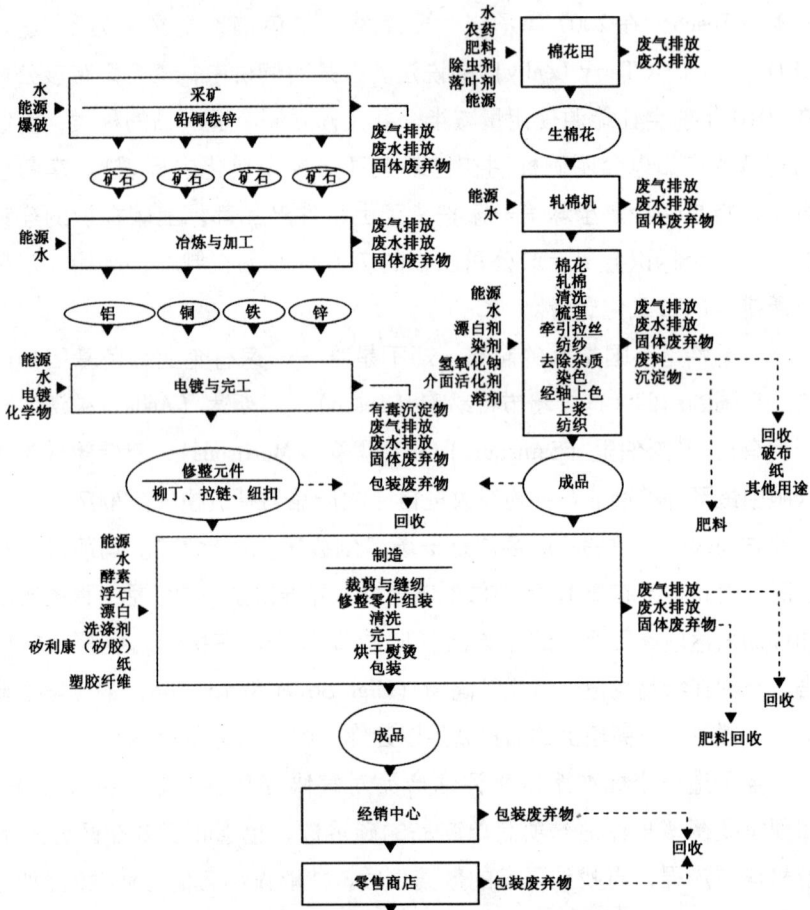

图23—1　一条牛仔裤的简单生命周期

　　所有这些原料都会集合到制造工厂，然后被裁减、缝补、洗涤、包装，其中会用到多种化学物质、洗涤剂和其他添加物，还得花费更多的水与资源，产生更多的废弃物。最后，牛仔裤被送到市场上，通常这些牛仔裤最后的目的地都与位于拉丁美洲、亚洲、非洲和其他与制造它们的工厂相距千里的地方。

　　那么，要如何衡量所有这些流程的碳足迹？界限要划在哪里？假设有条管道负责运送制造流程所需的天然气，你应该把其中一部分管道算作在制造肥料吗？如果你砍伐树木，再把这些树制作成纸浆用来制作标签，那么砍伐树木所用的汽油也要算在碳足迹内吗？零售商的照明与其他能源的影响也要纳入考量吗？或者，你会把消费者开车到店里买衣服的部分能源影响也算在内吗？如果消费者是乘公共汽车来的，结果会不同吗？

　　这样是不可能找到答案的。英国沃克薯片（Walker Crisps）的制造商（隶属于百事公司，也是英国公认度第三高的品牌）找到了方法通过这片"灌木丛"，成为英国商店里第一个拥有碳标签的产品。沃克薯片必须计算薯片里的两大主要原料，也就是葵花籽油和马铃薯在栽种时所需的能源，并考量了马铃薯所使用的肥料与杀虫剂在生产和制造过程中所需的能源。该公司同时也考量了使用农业机械来栽种与收获马铃薯时所需的能源，以及薯片在制作、包装、储存和运输时所使用机械的能源。薯片吃完后丢弃空袋的影响也算在考量范围之内。在与政府资助的气候信托组织（Clilmate Trust）的合作下，沃克薯片的研究人员以沃克薯片一般的正常包装（34.5克，相当于12.5盎司）为基准来计算其影响。马铃薯、葵花籽油和调味料等原料占全部影响的44%，制作占30%，包装占15%，经销占9%，消费者丢弃包装占2%。最重要的是，该公司发现，在每袋薯片所含的碳水化合物中，会产生75克的碳。

　　碳并不是唯一的焦点。在全球水资源问题升温之际，产品也会同样面临内耗水（也被称为是虚拟耗水或具体耗水）的问题，也就是在生产和买卖食品与消费产品时所用到的水。举例来说，如果考量到栽种、制作、包装与运输咖啡豆的流程，一杯咖啡就有 140 千克（相当于 37 加仑）的内耗水。同样的，一个汉堡也包含了 2 400 千克（相当于 634 加仑）的内耗水，更别提炸薯条了。

这其实已经偏向学术领域了。在世上有相当多地区都担心水资源问题时，一般产品的内耗水可以让我们了解到，水资源和全球贸易有何关系。举例来说，它可以解释美国、阿根廷和巴西等国家怎么以及为什么每年会"出口"数十亿加仑的水（以用水密集的货物和肉制品的形式出口），而日本、埃及和意大利则每年"进口"数十亿加仑的水。

这些问题听起来很难理解，但是如果你想要创造一个正确的标签，说明产品对气候的影响，就一定得回答这个问题。一条牛仔裤和一包薯片在能源或水方面的影响还算小的。想象一下电脑的流程可复杂得多，各个零件由十几个国家的外包商制作，然后运送到工厂里组装成一台机器出售。零售商们又要如何正确评估这类产品的影响，更别提还要把这些影响传递给消费者了。

即便对一个纯粹想吸引消费者购买"较好"产品（也就是用较少能源、回收性好，或者含毒性较少的产品）的零售商来说，制作环保标签也是很困难的，举例来说，任何想要解释这些标签的人，没多久便会发现自己陷入了咨询的沼泽。当家得宝推出"生态选择"（Eco Options）标签计划书来强调店内的绿色产品时，便经历了这种状况。这家大型零售商努力想要把真正绿色的产品与其他装模作样的产品区分开来。

但正如家得宝环境创新部资深副总裁贾维斯（Ron Jarvis）所言，问题在于："当你和供应商坐下来谈时，别忘了这些厂商可是花了数十万甚至数百万美元，来制造有益于环境的产品的。"他向我解释说，曾经有个生产庭院有机土的厂商在 2007 年和家得宝谈判，想取得"生态选择"标签。"我开始研究这个有机土，这看起来是个商机。你可能会认为有机就是好事。当我们在审查时，我问，'你们的营销宣言是什么？'对方说，'营销宣言是制作本产品时未使用化学物质。'我说，'制作任何土壤本来就不需要使用化学物质。'接着，该公司的第二宣言是：'制作本产品时没有砍伐任何树木。'我又说，'通常装土时本来就不需要砍树。'该公司觉得自己全力以赴就可以在一夕冠上'生态选择'的标签，结果却遭到了拒绝。"

贾维斯坚持，任何帮助消费者绿化的努力，都一定要以竞争为基础，而不是偏袒。"回想在 2000 年，当我们偶尔用供应商提供的环境营销宣言推销产品时，其实通常说的都是'本产品会让天空更蓝、绿草更绿，但要贵上 15%'。这样肯定没人买。我们不能要求消费者为了减少对环境的影响，就完全改变生活方式然后还要多付钱。我每天都要跟供应商讨论这些事，对方会说：'好，这里有个产品要取代产品 X，但是新产品功能没那么好，而且还要贵 25%。'基本上我们会告诉厂商这样行不通，请回去从头开始，再交给我们一个功能更好、影响更小，而且价格还不贵的产品。"

这个标签与信息揭露系统是否真能让消费者做出更环保的购买选择？现实世界里少有数据能证实这点。如果每个零售商都要求供应商实行不同的标准与信息揭露，可能也会降低生产力、创造出一大堆不一致的令人混淆的信息。但不管供应商自愿与否，可能都需要一些标准。

不过，这在某种程度上并不重要。光是大型零售商要求供应商检验并降低产品对环境的影响，或是强调有益环境的产品，或是根据供应商的环境成效与产品的环境属性来给予评测，就足以构成强而有力的市场力量，进而促成改变。

当然，消费者也需要出一份力，以免这些绿色产品在货架上落上灰尘。如沃尔玛和其他从业者从惨痛经验里学到的，即便消费者还是一头雾水或无知，我们还是有足够的动机来促成这些改变，包括提升效率、增加生产力、降低成本等，这足以让员工更满意，也更能留住人才。或许，只是或许，还能提升销售量。

第24章

改变战局的创业家

　　绿色经济的开端正巧遇上了新一代的创业主义萌芽。不像当年的 Ben Jerry's，网络对现在这些前途光明的年轻绿色企业的影响远超过第二次世界大战。网络革命的成功与泛滥让这些创业家历经磨炼，同时也越发壮大了他们的胆识。的确，许多绿色经济创业家都是网络难民，现金满满、关系良好，而且保持着事在人为的态度。他们创新了企业策略，比如，将产品视为服务，将消费者视为"成员"，将网络视为市集。

　　例子之一是由 Lyndon 和 Pater Rive 创办的太阳能城（SolarCity）。靠软件起家的 Lyndon 和 Pater Rive 把创办的软件公司卖给戴尔电脑后，又在硅谷创办了新的公司，打造出一个住宅太阳能采购计划，鼓励邻居们只要加入就能以团购价格安装太阳能装置，一时之间颇为风行。这是个典型的网络战术，突破了现有业务思维的围墙。在这个例子里，他们靠的是利用人际网络的力量来替公司做病毒式营销，因此缩短了营销与销售的循环。太阳能城吸引了很多投资大户，比如创办 Paypal 付款机制的穆斯克（ElonMusk）。

另一个例子是太阳能公司 Sungevity，这是另外两个"前绿色和平活跃分子"兼结拜兄弟甘乃迪（Danny Kennedy）与罗斯（J. P. Ross）的创业之作。他们的公司也同样把网络智慧带入了比较固定死板的太阳能世界。他们的做法是这样的：只要在 Sungevity 的网站输入家庭地址，在二十四小时之内，你就能得到在自己家利用太阳能潜力的完整分析，包括三种不同类型的太阳能系统提案，以及三种样式的家庭安装图。你也会得到三种系统的完整财务分析、合约，以及所有的文件。以前这些信息至少要上网两次，花上好多个礼拜的时间才能全部完成。Sungevity 利用网络以及地图绘制技术（类似 Google Earth）来计算你家的太阳能状况，包括它能得到多少日照、日光是否会被遮蔽以及太阳能装置的日照暴露所带来负面影响等。Sungevity 还通过网络把原来繁重的手写、纸本流程自动化。这样聪明、自动化的系统看起来既一目了然，又前所未有。

另一个聪明、自动化的公司是 mkDesigns，它由曾经与建筑大师 Frank Gehry 和 Michael Grave（两位都是以跳出框架思考而闻名的大师）共事过的建筑师 Michelle Kaufman 创办。该公司创造出民间可负担的预测式绿色建筑，打破了人们对两者的原本想法。mkDesigns 在工厂来盖自己定制的房屋，这听起来很矛盾，但却很有道理。先在可控制的工厂里把房子的核心部位盖好，这可以让公司降低成本、提升品质并利用规模经济的优势。到了现场，再把房子按照客户要求组装起来，可以是一层楼或多层楼、可大可小，甚至是大规模的多户式住宅都没有问题。你绝对想不到这些房子都是从工厂生产的。不过，Kaufman 的制作流程可以减少多达 75% 的废弃物，让该公司可以在设计中用到越来越多的绿色概念，从材料到最后的组装，再到太阳能板和能源监控装置。消费者可以在网络上设计自己的家，甚至可以下载软件让他们在自己设计的家里"走一圈"，在实际建造时可以做特别修改。mkDesigns 获得了多个奖项、创业投资基金，以及建筑业中最聪明的人才的称号，大家都希望 mkDesigns 规模壮大，提供全球消费者可以负担的绿色房屋方案。

新的商业模式也不是总能成功。位于俄勒冈州波特兰的户外服装设计与营销公司 Nau, lnc. 就是一个例子。Nau 由耐克、巴塔哥尼亚和其他公司的离职员工所成立，从一开始就立志要以不同且永续的方式来做生意，这从公司的使命宣言就可以看出："以企业创新结合人类的慷慨、技术的力量，来增进股东的权利、保护环境、提高社会正义，并提供全球人道关怀。"该公司的营运也有许多创新，包括采用直销做法，以便掌握从概念和设计到营销与销售的每个环节；还有在线的与离线的"线路端"销售模式，也就是消费者可以先在实体店铺试用 Nau 的产品，之后可以选择现场购买，或者回家以后以九折的价格在网络上购买；另外还有消费者直接捐赠，也就是，消费者在购物的同时有机会可以挑选一家非营利组织，Nau 会将销售金额的5%捐赠给这家组织。

Nau 的版本和价值观，应该是绿色经济里企业定位的绝佳范例。这么说是因为这家公司只维持了一年，最后因为营运资本不足而成为了恶劣气候下的牺牲者（Nau 品牌被另外一家公司收购）。即便最后关门大吉，该公司仍被"世界改变"（Worldchanging.com）执行编辑史戴芬（Alex Steffen）誉为"最成功的失败"，称它是"一群聪明的、有创意、精力十足的人看出了那里做错了，觉得自己可以做得更好，于是放手全力一搏。在这个过程中，Nau 给我们带来了许多创新的思维"。

Nau 的创新之一在于它的讯息。该公司说："我们不只是做一件新衣服，更主要是给成功重新下定义。"该公司可以用清楚、巧妙且有力的方式传达相当深厚的价值观，但却又不让人觉得太激进（它让我想到我最欣赏的公司宣言之一：位于布朗克斯的 Greystone Bakery，这是由天体物理学家（后转为禅师）Bernard Glassman 于 20 世纪 80 年代初期创办的一家烘焙坊，广收各路人才，就连洗心革面的毒枭和罪犯也不例外，它们提供训练、托婴照顾和顾问服务，以及很多有意义的工作机会。这家营利企业销售烘焙食品给纽约最棒的餐厅，并主张："我们不是聘请员工来烤布朗尼蛋糕，我们是借烤布朗尼蛋糕来聘请人才。"多么清楚、巧妙且有力）。

怀着环保或社会责任使命的新企业也不一定就负责生产全新的产品，但最新的绿色公司所做的不只是让传统的产品和服务"绿起来"。在某些案例中，这些公司的创新之处不只是在于销售的产品或服务，而是让整个价值链看起来都绿油油的。

阿格西（Shai Agassi）就是一例。这位四十岁的以色列人离开了原本在思爱普（SAP）产品与科技部总裁的高位，转而勇敢大胆追求自己的蓝图，要让整个国家改用电动汽车，并以可再生能源作为电池的电力来源，其适用范围遍及全国的智慧电力充电网络。以"美丽新世界计划"为名，该公司从一份企业计划开始创业，文内呼吁要创建一个广大的回充系统与多个电池交换站，成为像加油站一样随处可见的充电网络。到 2008 年初，阿格西不仅获得了 2 亿美元的创投资金，还与以色列政府和汽车制造商雷诺日产成为合作伙伴。在该年 1 月的开幕典礼上，阿格西与以色列总理欧麦特（Ehud Olmert）和雷诺日产的 CEO 高恩（Carlos Ghosn）并肩站在台上，解释他的蓝图："如果我们可以为驾驶人提供一台具有驾驶乐趣的汽车，成本更低但开得更顺，国家就能打造出一个虚拟油田，一个可以永久运行但不会对环境造成影响的油田。比起我们一直以来为了满足人类的石油成瘾症，而不断地在地上挖出的那些油井深洞，这样的虚拟油田要自然多了。"从此以后，日产汽车宣布将大量打造电动汽车给以色列，之后再扩展到其他采纳阿格西蓝图的国家。

我们会看到阿格西的蓝图是否会遇到阻力，但却很难忽略这个计划的规模、范围。而且这个例子也展示出，胸怀壮志的小公司在成熟的市场（像是汽车业）里也有竞争力，部分是因为它们改变了游戏规则，一如那些网络前辈十年前所做的丰功伟业。

再看看爱迪生太阳能（SunEdison）的创办人沙哈（JigarShah）的例子，看看另一位创业家如何改变了太阳能的商业模式。他怀着一个很基本的理念来创业，想把太阳这种免费的能源转为电力。不用说，这个理念相当简单有力，但却有着重重阻碍。相较于传统电力，太阳能的成本相对较高，而且安装复杂，特别是对已建成的房舍而言。太阳能业迟迟未能想出一个"随插即用"的模式，让人们能像买卫星电视一样，只要用卡车把装置载到家里，花几个小时就能安装完毕。而安装太阳能装置就像要改建房屋一样，要规划、绘图、协调多家业主，常常得花费数个礼拜才能完成。

或许最大的障碍在于，多数人（不论是屋主或企业主）都不习惯拥有自己的发电装置。也就是说，我们习惯把电力当成是一种服务，而不是一种产品来购买。我们甚至只是想要电力所能提供的服务，如照明、电视、冰啤酒和热水澡，而不是电力本身。多数消费者与公司都没有资本预算来支付太阳能高额的装置费用。虽然这方面政府提供了补助，但是力量有限。光是买一套小的太阳能系统就得花上数千美元。

可靠度也是个问题。拥有一套太阳能系统意味着以后用电就是你自己的事情了。但是谁也不能保证系统不会出故障或者停运。但要是对于传统电力，这些都不是问题，毕竟当地的电力公司会负责维修。

所以，要怎么样才能让大家都能负担得起太阳能？方法之一是把它从产品转为服务，改卖太阳能源而不是太阳能系统。这也正是沙哈的做法。2003 年，他离开英国石油太阳能（BP Solar）创办了自己的公司。在他的架构下，客户天花板上的太阳能板与系统的资金、装置、所有权、营运和维修都由爱迪生太阳能公司负责。客户则与该公司签订采购合约，把价格锁定在现价，签订 20 年期的合约，这替爱迪生太阳能带来稳定的收入来源。消费者可以长期用固定价格取得电力，这点少有传统能源公司能做到。该公司一开始以商用工业屋顶为目标，沃尔玛就聘请该公司在数家店面的屋顶上装设太阳能板，之后再扩展到营造电力公司规模的太阳能装置。沙哈首创的商业模式现在也被其他企业所复制。

当然，不只是想要成长壮大的小公司有机会。某些全球最大的公司也在绿色与洁净技术上不断推陈出新，有时候即便投入大笔资金也不求立刻回报。它们知道，总有一天更清洁、更环保的产品，其服务与流程的市场会形成，而这个市场不一定是规模小且有利可图的。它们也了解，重点在于提供投资人、员工、活跃分子、媒体和其他人好的故事，展示企业承诺打造更美好的未来与更清洁的世界所做的努力。其中一些公司会制定一些标准，让商业世界里的其他人（以及我们所有人）共同遵循。许多人都会跟着改变。

我们会在中国、印度和其他发展中国家发现越来越多的绿色经济创业家。中国最富有的女性企业家、中国南部广东省九龙纸业的老板张茵，靠着从美国进口的回收废纸打造出预计约 30 亿美元的财富。而在天平的另一端，有无数印度、欧洲和拉丁美洲的创业家都同样把废弃物转为工业原料，或是在乡村里利用小规模的太阳能或其他可再生能源技术，把照明、冷冻、衍生与信息技术带给原本无从享有的无数人。这样创业的利润超越了财务上的意义。

所以，在绿色经济里谁能制胜？大企业是唯一具有足够规模，能左右气候变化或者其他问题的主导者。或许，挟着电脑与网络技术的大胆新人与创业家，也能扳倒经验丰富但古板的现有公司。当然，没有人真的知道答案。因为绿色经济包含这么多种的产品与服务，转变了现有的商业流程与模式，同时也会创造出突破性的流程与模式，每个人都能从中找到一片可供发挥的天地。但要成功，需要有创新的思维、确实了解整个市场，并且要愿意创造新的模式，还要有更多的耐心。

第25章

新的 "能源公司"

能源业最能用来说明绿色经济里所浮现出的各种契机，以及能源产业间的界线是多么模糊，特别是对于全球最大的企业来说。

以前很清楚就能判定哪些公司是能源业企业，但现在情况不同了。现在看起来每家企业都想加入阵容，追求清洁、可再生和更具效益的能源系统，不再只是石油、天然气、煤矿、核能与电力公司符合能源企业的资格。在当今能源选择越来越多之际，也有越来越多类型的公司加入市场。现在，在许多绝对不是能源的产业里，从电子到化学到航空再到农业，都能找到 "能源公司"。

巴斯夫（BASF）、杜邦（DuPont）、陶氏化学和3M，一般都被称为是化学公司（现在它们自称是科学与科技公司）。制作传统太阳能光伏电池时使用的九项关键原料中，除了矽以外其他八

项都由杜邦包办，但这也不是杜邦的第一项能源大赌注。该公司的标
语是"用化学打造让生活更美好的东西。"举例来说，公司里有个部
门专门负责制作"更有力、更耐久、更具成本效益的燃料电池材料与
零部件。"德国的巴斯夫公司也把能源管理视为是五大"成长区"之
一，专注于能源的储存，比如电池与燃料电池。陶氏化学则致力于发
展把太阳能发电材料整合到商业与住宅建筑材料设计的产品与技术中，
比如屋顶系统与外墙。

当然，农业现在也是能源业的一部分，从玉米和其他作物中可以
提炼生物燃料。食品与饮料原料加工大厂嘉吉（Cargill），就帮助农夫
采购更适合制造燃料的谷物，并帮助他们制作与销售从作物中提炼出
来的燃料。该公司也有自己的柴油生产精炼厂。它最大的竞争对手爱
德密（Archer Daniels Midland）是全球最大的大豆、玉米、小麦、可
可加工业者，也是全球最大的车用柴油和乙醇制造商。该公司与康菲
石油（ConocoPhilips）合作，从农作物、木屑和柳枝稷中提炼燃料；
嘉吉的 CEO 伍尔丝（Patricia Woertz）原本是石油公司雪佛龙
（Chevron）的资深高级主管。

不只是农业种植业者，拖拉机制造商迪尔重机（John Deere）也
投资于数项在美国乡村地区进行的能源计划，并成立事业部提供专案
发展、债务资金与其他服务，给有兴趣发展风力的人。另一个重机械
制造商开拓重工（Caterpillar），也与燃料电池能源协会（FuelCell En-
ergy）结盟，开发并营销以燃料电池驱动的产品，在工业和商业领域
使用。

国防业也把焦点放在能源上。波音替某家澳洲太阳能公司进行浓
缩太阳能电池组装服务（毕竟，数十年来一直都是以太阳能来驱动卫
星的）。洛克希德马丁（Lockheed Martin）每年有 30 亿美元的营业收
入来自于管理军方的核能计划，该公司也提供太阳能电厂工程服务，
并负责管理公用事业。联合科技（United Technologies）制作建筑与军

用燃料电池,更与其他公司结盟,找出方法来设计并建造不需要使用外部网络作为能源的建筑,以达成碳中立。这些都是"能源公司"。

电子公司早就是能源业的一员。富士通(Fujitsu)、日立(Hitatchi)、京瓷(Kyocera)、三洋(Sanyo)、夏普(Sharp)、西门子(Siemens)和东芝(Toshiba),还有许多其他电子公司,都制作太阳能电池、燃料电池、风力油轮机零件等,目的是让能源使用得更有效率。夏普本身就是全球最大的太阳能电池与模块制造商。

还有带给我们网络和个人电脑的信息技术公司,也是能源业的创新者之一。多年来它们一直做出投资,来改善电力基础设施,以提升电的使用效率与可靠度。的确,能源公用事业者能从计算机和网络上获益甚多。第一部电脑系统将一台中央电脑连接在"笨"很多的终端机上,之所以这么做是因为它们的基本用途在于把信息从一台大型且智慧的主机里抓出来。之后,个人电脑问世了,一台小电脑就能独立完成很多事,还能够与主机和其他电脑沟通联系。现在,当然一切都能互相沟通,我们的电脑可以和数十台电脑连接,也能连接上电视、电话,过不了多久,汽车、冰箱、手表通通都能连接在一起,而且是无线连接。

能源系统的发展轨迹也类似于此。我们多数人的生活,都还是由中央"主机"——电力公用设施把能源传输到我们的"笨"房子和公司中来。但只要我们安装了太阳能与其他可再生系统来发电、把过多能源返回给高压输电网,我们的家庭与企业会变得越来越聪明。在不远的将来,冰箱和暖气还有空调系统等大型电器,将会和电网"对话",把每个地方的用电降低一点,以帮助电力公司降低夏季的用电量。我们的充电式电动汽车与油电混合车将可以把电力储存在越来越好的电池里,并把多余的电力在需要时返回给高压输电网。而所有这些活动都需要转接器、路由器、微处理器和软件,这正是计算机和网络的必要元件,这意味着像 IBM、英特尔、思科与微软这样的公司涉入能源产业的程度也会越来越高（加州最大的电力公司南加州爱迪生公司（Southern California Edison）的首席信息官雅兹迪（Mahvash Yaz-di）曾经告诉我，等到该公司的服务区域完全改装成可无限读取的"智慧"电表之后，该公司每15秒就能收集500个电表的信息）。

能源业里还有更多其他的公司。美国最大的风力油轮机制造商奇异，也参与了太阳能板、燃料电池和其他能源技术的制造。谷歌（Google）也投资要让可再生能源的价格比煤炭发电更便宜。以粉红色建筑隔热材料闻名的康宁公司（Owens Corning）销售WindStrand这种"单端粗纺编织纤维"，以降低风力油轮机的成本并提升效能。全球最大的鸡肉、牛肉、猪肉加工与销售商泰森食品（Tyson Foods）也成立了可再生能源部门，把动物脂肪转化为生物燃料。2007年，它与康菲石油成立联盟，要利用泰森食品在蛋白质化学和三酸甘油酯制造上的先进技术，与石油公司在加工处理和营销方面的专长，来推出"下个时代的可再生柴油"。现在，鸡不只能用来烹饪美食，还能用来飙车。

当然，这些代表的都只是传统意义上的一些大公司的做法。还有无数较小型的公司，也随着对清洁能源与提升能源效益的需求而逐渐成长茁壮；有些是向速食店回收油炸废油之后转为汽车燃油的公司，有些是设计酵素把废弃物分解成能源的化学家，还有设计各种新一代事物的新公司，从电池到打造自动化网络无所不包。每间新公司其实都是能源公司。最近几年来，有相当多的创业投资基金都投给了这些能源技术创业家，根据英国研究机构新能源财经（New Energy Finance）的调查，2007年的投入资金总额达1 484亿美元。这包含了可再生能源与低碳科技里的所有产业，包括风力、太阳能、生物燃料、生物量、能源效益以及碳市场。

还有谁也能成为"能源公司"？几乎每个制造金属、塑料、先进材料或涂料的公司都可能成为能源公司。这包括了大零售商，它们宽敞的屋顶集合起来可以成为附近社区的太阳能电厂。由此延伸，大型不动产开发商（包括购物商场、仓储、工业区与其他大型建筑）可以创造出太阳能、风力、地热、燃料电池与其他能源技术的微型网络系统。其中有些业者已经突起，还有更多人紧追在后。

　　未来有一天，可能用"谁不是能源公司"来区分众多的公司会更容易些。

第26章

改变通用汽车的对话

　　2007 年，在底特律的北美国际汽车展（North American International Automobile Show）上，全球两大汽车制造商丰田汽车与通用汽车，摆出了截然不同的阵势。一家公司专注于独创的电动汽车，它们在足球场般大的展示间摆出好莱坞的排场，让公司董事长与其他高层主管骄傲地站在时髦、闪亮、生态友好的汽车前，在闪闪发亮的镁光灯下，毫无疑问地获得了媒体的大力吹捧和赞扬。与此同时，在另一家公司的展场里，一字排开的是卡车、越野车等大型动力汽车，一旁还配着气魄雄壮的音乐。展场旁边还摆着四辆像是被遗弃在一旁的油电混合车，夹在大型汽车旁，一点也不起眼。

　　第一家公司是丰田汽车，第二家则是通用汽车。

　　看起来通用汽车似乎不太可能进军绿色科技。毕竟，它的传统产品是大车、卡车和越野车，又以悍马车最负盛名。在丰田汽车以最时髦的 Prius 油电混合车吸引市场注意力、赢得环保人士的称赞之时，通用汽车似乎只能交白卷。

但是，先别把这家位于底特律的汽车制造商请出局。在过去几年里，通用汽车努力改变美国汽车制造商间的对话，获取了许多小胜利，以使公司可以洗清环保污名。通用汽车开始一点一滴地，从某些最严厉的批评者嘴里，赢得他们一向吝于给予的尊重（通用汽车也是"绿色秩序"的客户）。

这条路走来即崎岖又漫长。数年来，通用汽车在环境共同体里的评价一直很差，大家痛恨这家汽车制造商，因为它不愿意迎合民众，制造环保型汽车。而且，通用与其他大汽车制造商一起，花了数百万美元来努力抵制美国机动车燃料消耗量限制标准的提高，并控告加州政府，来阻挡规范汽车排放温室气体立法的通过。其他十多个州也采取了加州的"清洁汽车标准"，却因为汽车制造商的控告而无法实际执行。在 2000—2010 年的中期，通用汽车成了环境恶民。2006 年的纪录片《谁杀了电动汽车?》（Who Killed the Electric Car?）控告、审判了通用汽车，说它们刻意摧毁了大有可为的省油科技。看起来这家公司在环境上没做对几件事。

但是，它并不是没尝试过。数年来，通用汽车也试着讲过几个环境故事。它一直很在乎汽车排放表现的稳定提升。该公司也花了很大精力投注在氢气汽车上，发誓要成为第一家因销售百万辆氢气动能车而获利的公司。在降低制造过程的环境影响方面，该公司也大有收获。例如，通用大幅削减了组装厂的包装废弃物，某些工厂的包装废弃物从平均每辆车超过 80 磅降到不足 1 磅。通用也是美国垃圾掩埋沼气的最大使用者。

但是在舆论的法庭里，这一切都不重要。消费者、活跃分子、媒体还有其他人都不太重视未来汽车或是生产效率。对他们来说，今天能在通用汽车展示间买到的东西才是最重要的。对通用汽车来说，它还没有找到更加环保的汽车。

接着，乙醇、油价高涨接踵而至，随之登场的是通用的新车。从2005年初开始，美国的零售汽油价格不断高涨，到9月5日卡崔娜飓风来袭时，一般汽油的价格从每加仑1.78美元，涨到超过3美元。飓风使汽油的供给更加紧缩，但这也只是导致油价在2005年大涨的一部分因素。西德州中级原油价格从2005年初的每桶42美元涨到9月初的每桶70美元。全球石油需求的节节升高，让整个石油价值链的产能已经满载，从原油生产到油轮到管线再到炼油产能，全都逼近极限。接着，卡崔娜飓风重创美国汽油市场，让原油生产和提炼产能大减。在供给大幅滑落之际，原油价格剧增。

通用的弹性燃料汽车以及联邦燃料经济性法案的漏洞，使得美国汽车制造商钻了不少空子。1988年，美国国会通过了《机动车燃料替代法案》(Alternative Motor Fuels Act)，其中在企业平均燃料经济性(CAFE)的要求中，存在着"混合燃料漏洞"。企业平均燃料经济性要求汽车制造商需达到"车群平均"数值，即小汽车使用的每加仑汽油需跑27.5英里，卡车使用的每加仑汽油则需跑21.5英里，否则小汽车将被征收所谓的耗油税，这个税赋会转嫁给消费者，提高这些车的价格。而国会在2005年修订了"混合燃料漏洞"，规定使用（至少在理论上）E85燃料的汽车，也就是混有85%的乙醇和15%的汽油的混合燃料的汽车，可获得较高的mpg得分（不论这些汽车是否真的使用了这类燃料）。乙醇主要由玉米制成，因此可以降低石油的消耗量（同样的，这也只是理论上的说法）。因此，一台大型V8引擎越野车，比如通用的Yukon车款，在企业平均燃料经济性要求中需达33 mpg，但事实上根据政府测试，其在市区行车只能达到15 mpg，在高速公路上才能达到20 mpg。制造使用E85燃料的汽车可以提高厂商企业平均燃料经济性的等级评定，避免耗油税，每辆车可以省下150美元的成本。

这些年来，通用、福特以及其他厂商打造了数百万辆的弹性燃料汽车，但是却只有少数车主了解汽车的这项性能，而且，就算知道了，大概也买不到 E85 燃料。因为只有几百家加油站提供这种燃料，大部分还都在中西部。

2005 年，继 20 世纪 70 年代阿拉伯石油禁运之后，美国汽油价格首度成为政治议题，通用汽车看到了其中的机会。它开始促销弹性燃料汽车，也开始增加 E85 燃料加油站的数量。突然间，通用汽车找到了制造环保汽车的理由（或许还不止一个理由，全球变暖、能源安全、国家安全以及支持中西部农民等）。

在 2006 年的美国橄榄球超级杯大赛期间，通用汽车展开"绿色生活从选择黄色开始"的广告攻势，旨在让消费者、能源生产商以及政策制定者关注通用使用 E85 燃料的汽车，黄色指玉米，也指喷漆为黄色的油箱门。通用将会给 2006 年生产的超过 400 000 辆的使用 E85 燃料的汽车安装这种油箱。公司内外不是没有怀疑的声音，但通用汽车首度在环境议题上获得了媒体的正面评价。该公司利用这次公开场合开始与燃料供应商对话，呼吁增加提供 E85 燃料的加油站。它也开始与环保组织对话，而活跃分子尽管半信半疑，却一改多年来的立场，首度倾听通用的观点。它们开发出一款小货车。在"绿色生活从选择黄色开始"的广告播出后几个礼拜，纽约州长 George Pataki 开始推广兴建炼油厂的计划，要"从我们农场的农产品和北部森林的木材产品中提炼出乙醇"，而且还要让这样的燃料"在全州都免费"。突然间，通用汽车发现自己走在了一个行业成长的前列。

"我们感觉到人们真的很渴求别的选择。"通用汽车的环境、能源与安全政策副总裁劳瑞（Elizabeth Lowery）说，"汽油已经变贵，人们觉得被困住了，没有人喜欢这种感觉。"通用汽车或许第一次觉得它们的产品——路上数百万台的弹性燃料汽车才是解决问题的办法。

就像其他的公司文化一样，通用也很重视"实践胜过宣言"。劳瑞说："确保我们做到说过的事，实践承诺。有很多时候我们会选择不公开科技，就是努力改善而不公布给外界知道。我一直说，'这不是实践与宣言，因为如果没有人知道你这么做，你就不会得到称赞。如果你没告诉别人，那么没有得到赞美也不是别人的错'。"

不过，劳瑞和她的团队认识到，要推广 E85 燃料，光靠营销活动是不够的。她说："产品也很重要，这点我们已经做到了，而且我们是真的做到了。"再者，信息宣传也不能显得太傲慢。劳瑞还说："我们意识到我们需要不一样的声音，但不能听起来太武断或逼人，而是比较吸引人，具有教育意味的声音。"而且，这个政策确实要得到高层的支持。通用汽车听取了行动团体的建议，知道重点在于必须由董事长来提起这些话题。

综合这些努力，在 2006 年 12 月的洛杉矶车展上，通用董事长兼 CEO 瓦格纳（Rick Wagoner）发表了专题演讲，谈到"绿色生活从选择黄色开始"，并透露通用汽车在下个月要发布关于 Volt 电动汽车的新闻。这是重要的一刻，因为第一次由通用汽车的大老板站出来正视环境议题。

"绿色生活从选择黄色开始"给了通用汽车新的形象，它能与利益相关者讨论更环保的汽车，而且能够再度与环保圈拉上关系，是个很有意义的机会。2007 年 1 月，在底特律的北美国际汽车展上，瓦格纳介绍了通用汽车对绿色运输世界最具野心的贡献 E-Flex；这个电动汽车所用的平台，可以通过一个小而有效率的引擎回充，而且从汽油、生物燃料到氢气都能拿来当作动力。E-Flex 系列的第一辆车，是雪佛龙，以无汽油的电动模式可以行使 40 英里左右，之后借用小的引擎启动回充电池，可以把行驶距离延长到 600 英里，相当于每加仑汽油可以跑 150 英里。

这里有一个问题，这只是一个概念车。

不过，即使这辆车还要几年的研发时间才能进入雪佛龙的售车展示间，通用汽车也知道自己手中握有王牌；Volt 汽车让全公司、经销商、汽车媒体、甚至是某些行动团体都为之一振。在 Volt 于底特律年底的发布会上，我遇到《谁杀了电动汽车?》纪录片的制作人潘恩（Chris Paine）。在整场活动里，我注意到他在全神贯注地聆听，还热情地鼓掌。活动结束后我遇到他，问及他的反应，他的反应极为正面："我觉得很好，远胜过我能拿的任何制片奖项。"

对通用汽车来说，是因为结合营销、公共政策与沟通，才让它们有了突破性的一刻。劳瑞说："这是一项具有突破性的产品，是我们一直努力在做的事情。"一年之后，在芝加哥车展上，劳瑞说："大家都在问，'充电车要多快才能运到这里?'以往的负面评论、嘲讽还有攻击，我一句都没听到。我一点都没被问到为什么这么晚才加入战局，而以往我们总是会得到这种质疑。现在时机正好，大家都想替我们鼓掌。"通用汽车本来不打算在 2008 年的车展上展出 Volt，但被媒体追问了两天之后，该公司还是运来了一辆车。

对通用汽车来说，媒体本身就是信息，找到声音让它能以先前无法做到的态度与市场对话。该公司一直被认为是傲慢的、漠不关心的，而且没有跟市场站在同一战线。但是通用找到了一个简单、充满希望且大有裨益的信息，在民众担心油价的时候放出这个信息，并以精巧且有力的科技作为后盾。

劳瑞说："人们想听简单的信息。我觉得这次我们的环保组织有机会可以从教育着手，因为我们都认为，消费者也负有责任。如果我们可以想出方法告诉他们，'嘿，你可以这么做，当然，会有一些牺牲，但不会很痛苦。'我想消费者会有所回应的。"

它们更接近目标了。劳瑞和她的同事公开谈到通用汽车的策略，通过可再生燃料与汽车电气化来降低石油的使用。这是相当有利的信息，而且与该公司几年前对自己的定位相比，差了十万八千里。

但是，通用汽车还没走出环境与财务的困境。在这两方面该公司都有根深蒂固的问题。高额的退休金与医疗成本，让每辆车的标价都得多上 2 000 美元（从 2010 年开始，其中多数都会交由独立信托基金会处理。同一年，Volt 也将进入销售展示间，与丰田汽车和其他制造商的电动车并列）。在油价持续走高的年代（似乎永远都可能发生边界冲突，并可能进一步限制供给、拉高油价），通用汽车的悍马车、Escalades、小货车，还有全尺寸的卡车都非常容易受变化莫测的石油市场的影响。2008 年，通用汽车宣布将关闭某些卡车与越野车工厂，并重新评量是否继续生产悍马车。

这是通用汽车第一次（也可延伸到任何其他制造商）"换挡"，从落后者转变为领导者，带领这个向来不以改变而闻名的产业做出转变。这不只对汽车制造商来说是好兆头，对重工业来说同样是好事，也让大家看到老公司有能力适应绿色经济里不断变化的现实，并让顾客也一起加入改变的行列。

第27章

要多少绿色营销人员才能拧紧一个灯泡？

正如在前几章我们看到的那样，绿色经济的最大挑战之一在于让消费者改变旧习惯。大多数人都非常坚决地表示他们不希望或者无法改变习惯，无论为了他们和家人的健康、邻居和社区的福利，还是地球的未来。即使他们知道自己必须改变，通常还是会本性难移。所以，一旦绿色产品突破这道防线，特别是涉及日常生活用品的时候，就值得特别留意。

节能灯泡的营销就是一个成功案例。试想让人们抛弃便宜、熟悉且可靠的产品（即传统灯泡），转而使用比较贵的新款灯泡，不仅运行方式发生了改变，就连灯泡亮着的样子都变了。根据能源部的资料，美国22%的电量用于照明，而从能源使用的角度来看，多数照明用途都非常没有效率。灯泡随处可见，每家每户都有，大多数家庭有几十盏灯，所以通过灯泡的革新来改变能源使用状况是极具潜力的。

这场高能效照明的变革是怎样发生的? 节能灯泡又是如何在 2007 年的美国创下 2.9 亿个的销售纪录（约占灯泡市场的 20%），并在全球创下超过 20 亿个的销售业绩的呢? 要知道，十年前的美国和全球节能灯泡的销售量分别仅有 7 000 万个和 3.56 亿个。这场变革凝聚了制造商、行动团体、电力公司、政府机构、娱乐业者、网站、博客、零售商，以及一些创意营销人员的努力。节能灯泡的例子让我们看到，需要经过长时间的合作和个人努力，才能从根本上改变消费习惯。

我们先来看一些背景资料。节能灯泡是通用电气为应对 1973 年能源危机，在 1976 年发明的产品，当时的工程师汉默（Edward E. Hammer）研究出一种工艺，将标准形状的 40 瓦荧光灯管扭曲成螺旋状，产生长的电弧来模拟白炽灯泡的光学效果。由于灯泡的制造成本太高，通用电气将这项发明束之高阁，不料设计却流入市场。在通用电气还没启动授权项目之前，其他的灯泡制造商已经完成了模仿，20 世纪 80 年代早期，节能灯泡已经进入全球市场。

节能灯泡相对于传统的白炽灯泡有很大改进，而白炽灯泡从 1880 年爱迪生发明灯泡之后就没有什么改变。标准的白炽灯泡通过把密封玻璃中的金属细丝电加热到 2 300 摄氏度，让金属细丝发亮从而提供照明。虽然它能发出光亮，但多数电还是转化为热能。白炽灯泡使用的电只有约 10% 转为了可见的光。

在荧光灯里，电子从整流器中释放出来，撞击玻璃管内部，激发灯泡外侧的磷涂层，发出可见光和少量的热。这个过程能使每瓦电产生的光是白炽灯泡的 4 倍以上。此外，由于荧光灯工作时的温度大约只有 300 摄氏度，所以使用寿命较长，毕竟高温下产品更易损耗。

到 20 世纪 80 年代末，人们开始关注能源使用和气候变化的关系，环保人士开始倡导节能灯泡，说它是既节能又省钱的家庭用品。很多例子都能说明普及节能灯泡的巨大潜力。正如非营利组织地球日联盟（Earth Day Network）在网站上所述："如果每个家庭都用节能灯泡取代最常用的白炽灯泡，照明用的电力可以节省一半。"这么一来可以让每年排放的二氧化碳减少 1 250 亿磅，以当前的增长率来看，单是这一举措就能抑制美国二氧化碳排放量的增长。

根据这些说法，只要换一个灯泡，我们就能拯救地球。现在剩下的问题是：节能灯泡很贵，光线颜色很奇怪，没有办法用在现有灯泡座上，而且不能调整亮度。一个节能灯泡卖 20 美元，我会不会觉得它很贵？

主要的节能灯泡制造商如通用电气、飞利浦（Philips）和 Sylvania，都与行动团体、政府机构、电力公司、媒体、零售商合作想要打破这道藩篱。看起来换个灯泡还真是要大费周折。

找到足够多的拥护者并不是一件容易的事。看看来自荷兰的飞利浦，欧洲顶级的绿色营销和设计商。飞利浦有强大的全球生态设计项目，有代尔夫特理工大学（Delft University of Technology）作技术援助。飞利浦相信生态设计原则是提升业务的强大基础，也认为生态设计不仅是技术活动，更是要囊括在企业价值链当中的理念。

飞利浦从 1978 年开始生产节能灯泡，在美国以"地球之光"为名来营销节能灯泡。尽管节能灯泡在能源价格较高的欧洲广为普及，几年下来在美国却无人问津。随着灯泡价格的下降、质量的提高，并且尺寸逐渐变小，更适用于现有灯具，消费者也不再抵触这种灯泡了。不过，与飞利浦在美国的成功同样重要的是照亮营销市场现实的改名活动：民众把价值放在第一位，然后才考虑拯救地球的事情。所以在节能灯泡销售业绩平平之后，飞利浦把灯泡撤出市场，改用新名字重新上市，一夜之间"地球之光"变成了"马拉松长效"（Marathon Bulb）灯泡。

在飞利浦所做的消费者调查中发现，很多人认同绿色议题（50%的人支持，25%的人保持中立），也有人存在恐惧心理。有近半数的消费者希望能有额外信息告诉他们所选购的产品能带来的环境益处。

但是比较少的消费者（占25%）愿意改变生活方式，或者付出更多。飞利浦了解到，环境不是灯泡的主要价值命题，事实上，环境只排在第四或第五位。消费者最关心的是灯泡更持久耐用。

飞利浦的研究也发现，当绿色产品的环境益处和其他益处捆绑在一起时，消费者比较愿意采购绿色产品。因此，把环境属性（节约能源、节约材料、有毒物质含量低）与物质的（灯泡使用期成本较低）、非物质的（不需要经常更换灯泡），还有情绪的（做正确事情的良好感觉）益处联系在一起，会使消费者的兴趣提高到60%以上，包括那些对环境持负面态度的人。

在改名以后，飞利浦节能灯泡在美国的年销售增长率从几乎为零增加到12%以上。

但时代又一次改变了。2006年底，飞利浦公司又一次为灯泡改名，变成了"节能者（Energy Saver）"，反映出消费者对节能产品的兴趣。飞利浦发现人们对"节能者"比较有共鸣，比"马拉松长效"更有吸引力。与此同时，通用电气也重新改变了节能灯泡的品牌，将其改称为"智慧节能（Energy Smart）"灯泡，毫无疑问这也是根据类似研究得来的。

除了改名之外，飞利浦和竞争对手几乎用上了所有能想到的营销手段来打响节能灯泡市场，其中一些手法非常新颖。飞利浦在2007年成立了照明效率联盟，立志要取得环境组织、立法委员，甚至是竞争对手的支持，以协助灯泡的营销。飞利浦推出了全球广告，名为"简单转变"。这个名称反映出飞利浦的逻辑，也就是"降低能源消耗简单可行，不会降低生活品质"。飞利浦也和气候保护联盟（Alliance for Climate Protection）、活乐地球（Live Earth）演唱会联手，推广高效照明。在活乐地球演唱会上，飞利浦一边发放节能灯泡，一边告诉听众节能灯泡的原理。通过这些巡回演出，飞利浦发现年轻一代受习惯影响较少，更容易接受节能灯泡。求助于名人支持也能帮上忙，特别是传媒巨头自己也声明要改用节能灯泡。

飞利浦也利用网络来营销。"简单转变"宣传计划里包括一个网站，让消费者可以录下一段"简单转变"的誓言。飞利浦利用这些誓言来计算可以省下的能源和成本，然后反馈给听众。这个网站上还有互动式地图，可以显示有多少人已经做出转变（包括飞利浦的员工在内）。该公司也利用这个网站提供信息，告诉人们如何采取行动，开始自己的绿色行动，希望借此达到口碑营销的效果。

Sylvania 的营销则主攻与电力公司的合作关系，并致力于使节能灯泡获得美国政府能源之星计划的支持。Sylvania 的营销活动包括和美国环境保护局合作，以及 2007 年的一趟从加州迪士尼乐园到波士顿芬尼市场（Faneuil Hall Marketplace）的巴士之旅。在波士顿纪念美国革命史期间，Sylvania 用 1 776 个节能灯泡点亮一座老教堂。该公司也专注于包装设计。它们发现，消费者想要看到有关产品的信息，但从前对白炽灯泡并非这样。Sylvania 一开始的包装设计是让消费者只能瞥见灯泡，但后来发现消费者想要看到整个产品，因此又重新设计了包装。

这些措施最后都在一个完美风暴（真的是场风暴）的帮助下，把节能灯泡推向最高点：卡崔娜飓风、欧普拉、沃尔玛成了临门一脚。卡崔娜飓风的袭击让民众重新注意到节能和全球气候变暖的危险，也让节能灯泡的前景被看好。著名电视主持人欧普拉在节目和同名杂志上宣传节能灯泡，找来戈尔（Al Gore）和莱昂纳多·迪卡普里奥（Leonardo DiCaprio）等一系列人物，大谈节能灯泡的好处。接着，沃尔玛也加入其中。在 2006 年初沃尔玛董事长史考特（Lee Scott）和通用电气董事长伊梅特（Jeffrey Immelt）会面之后，双方同意合办一场大型记者会向民众宣传节能灯泡的知识，通用电气也同意协助沃尔玛在 2007 年底前销售 1 亿个灯泡。而且，在通用电气的帮助下，沃尔玛将以极负盛名的直率风格，推出一套强力方案：包括互动式店内展示，协助消费者选择合适的节能灯；教育式灯泡展示，让民众比较品质、样式，计算潜在的可节约资金成本；增加灯具购物区的货架空间，并在店内其他区域展示；在店内的电视和广播频道进行促销；教育并给予员工奖励，鼓励他们增加销售量。

沃尔玛还在网络上下工夫，与雅虎、美国环境保护局、能源部、AC 尼尔森、环境防卫基金（Environmental Defense Fund），以及《难以忽视的真相》的制作人班德（Lawrence Bender）合作，催生出 18 秒网站（18seconds. org）：18 秒刚好是拧紧一个节能灯泡所需要的时间。网站的标语是："换个灯泡，一起从此不同。"在这里有个动态表格不断显示卖出了多少灯泡。AC 尼尔森收集了杂货店、药店以及百货商店零售商的采购数据，放到这个网站上。这个主意有一部分考虑是为了激起不同城市和州居民的竞争感和骄傲感，增加节能灯泡的市场占有率。

一切看起来都很奏效。沃尔玛到 2007 年 9 月就实现了 1 亿个灯泡的销售量，最后创下卖出 1.46 亿个灯泡的业绩。受到这次成功的激励，它们宣布要推出自主品牌的灯泡。

不过，节能灯泡的市场普及率还是很小。大约有 95% 的美国家庭连一个节能灯泡都没有。尽管技术已经革新，市面上销售的灯泡可以调节亮度，颜色也更接近白炽灯泡，但还是很难让民众换掉便宜耐用的白炽灯泡。世界范围的政策改变让这场转变势不可挡：澳大利亚已经宣布在 2010 年前会逐步停止销售白炽灯泡，加拿大则计划在 2012 年达到这个目标。美国定的期限比较远，准备在 2012—2020 年间淘汰掉已有 125 年历史的白炽灯泡。

不过节能灯泡的前景仍然乌云密布。虽然网站、营销项目、环保组织总是不停叨念如果每个人都用节能灯泡会有什么样的好处，但实际上节能灯泡可能也只是过时的技术。新式的、改良的灯泡，也就是所谓的发光二极管（LED），正处在技术前沿，其效率、效能、成本都有了大的改进。就像白炽灯泡和节能灯泡一样，发光二极管也是由通用电气发明的：它由不同的半导体组合而成，主要是镓和铟。前两种灯泡的原理是把某种物质加热到足以发光的程度，发光二极管却是单纯靠电子在半导体材料中运动而发光。实际上发光二极管就像个小电脑，利用微小的晶体管发光。因为它们体积小，所以一组发光二极管可以组成任何形状，如果市场有需求，就连传统的白炽灯泡的样子也能做出来。因为它们由电脑控制，发光二极管光源可以改变颜色、密度和其他特性，以满足不断改变的照明条件，增强舒适度和安全性。

正如节能灯泡一样，发光二极管是科技上的一次大飞跃，用更少的能源发出了更多的光亮，而且比以前产品的寿命都要长（可达50 000小时，超过节能灯泡的10 000小时和爱迪生灯泡的1 000小时）。发光二极管的可靠性让它们可以用在替换灯泡比较麻烦和人工成本较高的地方，比如交通信号灯或手机背光。发光二极管对20亿名没有现代照明也没有现代电力的地球居民来说，有着美好的前景。高效、廉价的发光二极管，加上便宜的太阳能板和蓄电池，可以让人们跳过有线照明，就像手机让发展中国家跳过了固网电话的基础设施建设一样。太阳能电池—发光二极管照明的成本只是煤油灯（有些发展中国家现在使用的技术）的一小部分，而且没有污染，更对人类健康无害。

但是发光二极管还有很长的路要走。实际上它面临的问题和节能灯一样。发光二极管还是很贵（一盏家用灯可能要40美元以上），同样具有挑战性的是照明质量还有待提高，特别是在室内应用方面。它们还不能作为大多数消费者的照明选择。我是不是说过它很贵？

所以，绿色经济，就像所有其他经济一样，都将是不断前行、永无止境的一系列技术创新，有的是小步前进，有的是大步跨越。今天绿色经济方面的突破无可争议地将成为未来的Beta录像机——旧时代的遗迹将被打碎，呈现出一个行为方式更便捷、更智能、更清洁的世界。

第28章

"默绿" 的悖论

我们之前曾谈到一个比较轻蔑的词汇"漂绿"，是 20 世纪 90 年代绿色和平组织用来讽刺"肤浅的公开营销"，影射虚假的良好企业形象时用到的词汇。非营利组织网站"源头观察"把它定义为"那些惹上争议的公司、产业、政府、政客甚至是非政府组织，为创造支持环保的形象、推销产品或政策、试图重新树立在公众和决策者心目中的地位，而擅自盗用环境道德。"

无论如何定义，随着绿色营销重新兴起，最近关于"漂绿"的指控也多起来。再者，就像许多绿色事物一样，"漂绿"的概念也很模糊，大家对其还没有一个定论。现在几乎任何事都能被贴上"漂绿"的标签，得到这个标签的机会也与受质疑公司的规模、业绩成比例增加。对许多激进分子来讲，一个大公司——特别是畅销品牌——无论在环境方面做什么，都不可能得到青睐。不管怎么做都是"漂绿"。

在 20 世纪 90 年代和之后的大多数时间里，"漂绿"广泛存在于环保主义者和企业批评者们针对企业的谈话当中。但是到了 2007 年底，它开始出现在主流对话中。现在有漂绿指数、漂绿小组，还有其他组织努力，共同来揭穿生态营销的劣行。最甚者当属"漂绿六宗罪"。这份由"土地之选环境营销公司"（Terra Choice Environmental Marketing）所做的研究，向六大类的顶尖商场派出调查小组，"记录每个观察到产品的环境声明"。"土地之选"指示每个小组，针对每个环境声明，都要"找出该项产品、声明的本质，以及任何可提供进一步信息的参考"。

产品研究包括多种商品，从空气清新剂到家电，从电视到牙膏。最终小组共找出 1 018 种商品和它们做出的 1 753 项声明。针对每条声明，"土地之选"都想要解答一个基本问题：有何证据能证明该产品确实符合它的声明？

该公司发现，多数产品都不能提供一个好的答案。实际上，用"土地之选"副总裁凯斯（Scot Case）的话来说，除了一种产品之外，其余的声明"要么表述错误，要么误导潜在顾客"。他负责主持这个项目，并找出了产品的六宗罪：

1. 隐藏代价之罪（占 57%）。这是指一些声明根据单一的环境属性（比如纸回收），或者根据片面的一小部分环境属性（比如能源、气候、水、林业对纸的冲击），来断定产品是绿色的，而忽略掉了最重要的环境问题。这样的声明通常并不是错误的，但是给产品涂上了一层迷彩，只需要进行全面的环境分析就足以戳穿。这是最常见的罪过，占受检验声明的 57%。

2. 没有证据之罪（占 26%）。这是指一些声明无法由易得的佐证信息或可靠的第三方认证加以证明。"土地之选"认定，如果证据无法在销售点取得，也没放在产品网站上，就属于"没有证据"。

3. 含糊其辞之罪（占 11%）。这是指一些声明缺少定义或者说得非常宽泛，以至于真实含义可能被潜在消费者误解，比如"不含化学品"，或者"纯天然"。

4. 不相关之罪（占4%）。这是指一些声明可能是真实的，但对消费者而言不重要或没有帮助，比如不含氟氯碳化物，因为氟氯碳化物对臭氧层造成危害，20世纪70年代末期就已经不允许把其加入商品当中。

5. 两害取其轻之罪（占1%）。这是指一些声明可能为真，但是也可能为了分散消费者注意力，而忽略该类产品整体对环境造成的更严重的冲击，比如有机烟草，或者绿色杀虫剂。

6. 说谎之罪（不到1%）。这是指根本上存在错误的声明，通常都是在明明没有颁发认证的情况下，误用某独立机构的认证。

我不太确定这些"罪"是否称得上是"漂绿"：我认为后者是有意伪装某种产品、服务，假装公司是对环境负责的，或已有改善。诚然，"土地之选"所检验的某些产品声明纯属捏造，但多数似乎都只是过于草率，还称不上是罪，而是营销人员努力让产品披上绿色的外衣（或许也有理有据），但却没能提供一些基本的证明。无论如何，对绿色营销人员而言这都不是一种好的展示方式。

"土地之选"的研究吸引了很多人的注意，其中一位就是麦当劳的兰格特。他在自己的公司博客里写下一段另类见解："我同意环境营销有风险，但我觉得，其实许多公司之所以不愿谈论其在环境上的努力，是因为它们担心只会听到批评声。毕竟，真正的进步很难定义，达到环境上的完美难于登天，因为总有改进的空间。"

不过，兰格特说，不谈企业为改善环境所做的努力（他称为"默绿"）可能也是一种罪过。仿照"土地之选"的六宗罪，他也提出六宗罪（援引自兰格特的发言）：

1. 等到100%了解问题背后的科学原理之后再采取行动。现实是：如果真的这么做，永远没有开始的那一天。别误会我的意思，研究是必要的，但是你不能让分析导致无为，妨碍你将真想告知民众并参与行动。

2. 在环境声明上一定当心，否则非政府组织可能会冲进你的公司。现实是：与非政府组织搞好关系是必要的，但如果你认为自己可以取悦所有人，那无异于你在为自己洗脑。

3. 并没有很多人根据自己的环境足迹来选择商品和服务。现实是：有意识的消费主义正在兴起，我期待未来的消费者能用自己的购买行为来证明这一点。

4. 绿色消费者只是小众。现实是：绿色已经越来越成为主流。这里有巨大的商机来打造企业的优势，特别是在信任、品牌和声誉方面。

5. 谈论环境会带来压力，而企业被迫做的都只是不实际并且与企业营利无关的事情。现实是：民众的期待越来越高，就这么简单。为什么不走在大趋势前面，找到企业自己的解决方案呢？

6. 每次谈到"漂绿"的时候，姿态低一点才不会被点名。现实是：请遵照"六宗罪"的建议清单，让我们一起更环保，用正确的方式讨论环保。

兰格特的结论是："在所有的绿色事物上，我们需要更多的公众讨论。默绿只会妨碍消费者的认知，阻碍企业在环境方面的实质性努力。"

他说得很对。激进分子不需要放下防备，但是也可以轻松一点。世界上并不是只有绿色和非绿色。许多东西都是相对的：虽然离完美还很远，但是一点点改变也可以算作绿色产品。

是这样吗？正如兰格特所言，我们不需要相互指责，而是应该进行更多的实质性对话，讨论怎么做以及能为绿色带来什么。

第29章

一定要有 CRED

　　如何创造一个完美且能有助于长期成功的绿色策略呢？从我见过的各种努力来看，这不是一件容易的事。公司高层，还有他们的广告、营销、公关合作伙伴，大都倾向于做出广泛、全面的声明，表明自己的环保承诺或是产品、服务的绿色属性。但这些声明与诉求通常会带来更多的问题而不是解决方案。在其他情况下，企业纯粹是一副缺乏灵感的样子。它们最常用的莫过于芝麻街节目里那只绿色青蛙 Kermit 的哀鸣："要绿真难。"Kermit 这句歌词最早出现在 1970 年的《你相信吗?》（Would You Believe?）一曲中。至今四十多年过去了，文案人员似乎再想不出更好的词了。2008 年，我在 Google 上搜索 "easy being green" 一词，结果得到 1 570 000 个搜索结果。相比之下，"till death do we apart（至死方休）" 只得到 17 500 个搜索结果，"check is in the mail（支票在信中）" 也只有 20 500 个搜索结果。另外，每个引述或将 Kermit 的话换种说法的新口号和新闻，似乎都沉醉在这个文字的恰到好处中，仿佛这些创作者是第一个想到的此种比喻的。难怪公众对企业的环保承诺持怀疑态度。

当然，这不仅是 Kermit，还有太多的绿色策略及其背后的信息都太模糊、无趣、或是空洞。

怎样避免这样的命运呢？要解决这个问题，我请教了我的同事夏皮洛，"绿色秩序"的 CEO 兼创办人。七八年来，我从夏皮洛、经理艾森伯格（Nicholas Eisenberger）以及他们团队的成员身上学到很多，其中最吸引人的是"绿色秩序"用以提出战略和传播信息所构建的框架。这个框架叫做 CRED（参见图 29—1）。

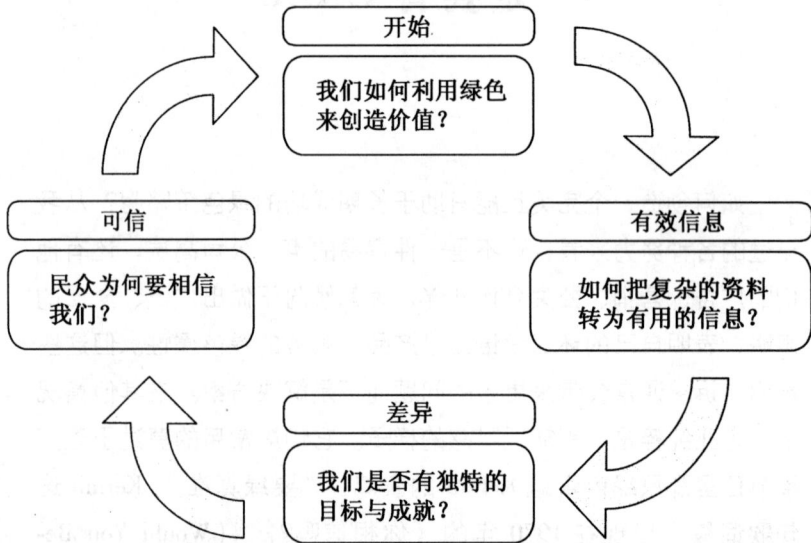

图 29—1 "绿色秩序"的 CRED 策略

与"绿色秩序"合作的大客户包括安联（Allianz）、英国石油、杜邦、奇异、通用汽车、家得宝以及辉瑞（Pfizer）等。它并不是第一个用首字母缩写来命名一项绿色策略的顾问公司。这些年来，我曾经遇到并与某些顶尖顾问、公关、营销公司合作过，也看到了很多，它们都有其存在的价值。

CRED 是从"绿色秩序"的高级主管的策略和执行经验中演化而成的策略。这些策略包括创造标准，要求公司一定要按这个标准衡量成功与否，以使这些公司的环境策略周全、有效，并令人信服。毕竟，如果这些绿色策略和信息没用，就无法带来真正的价值，也不会与更大的蓝图（即公司在现在和更远的未来想要讲述的自我发展历程）相符，又何必自找麻烦呢。如果这种发展历程不是从实际成就而来，恐怕就只是穷嚷嚷而已。

这只是问题的一部分。同样棘手的挑战是：绿色策略如何能够脱颖而出，在越来越嘈杂刺耳的绿色信息中与众不同，被公众听闻呢？这也是绿色策略的两难。在绿色越来越成为主流之际，绿色策略也就越来越难以传播到公众那里。噪声越是大，就会有越多的人转台。有越多的公司传播绿色，事与愿违的可能性也就越大。

"绿色秩序"的 CRED 策略就是要缓解这样的风险。它分为四部分：可信度（Credibility）、关联度（Relevance）、有效信息（Effective messaging）与差异化（Differentiation），让我们来一一介绍。

←—— 可信度（C）——→

人们为什么要相信你？要达到预期的效果，你的策略与信息都需要具有说服力。这意味着一定要有事实和数据作证。这并不是说你必须为主题所讲的所有内容都附上长长的数据，但你需要证据作为理论的基础。

可信也会带来更大的问题。你的公司是否言行一致？你能证明这一点吗？你的公司和产品各方面与竞争对手相比结果如何，不论是最佳产品间的比较还是已经安装的基础产品，或是过去几代同系列产品的历来表现如何？如果你可以表明你已经下过一番工夫，那就能获得大家的信任。这些不需要出现在广告、产品标签或是销售点的资讯上，但一定要出现在诸如产品说明书、网站、消费者服务专线等这些地方。夏皮洛指出："奇异的生态想象就是很好的例子。它们把生态想象产品的环保属性与公司营运绩效等详细信息放在专门的网站上，就连广告都没有用一些使消费者不能忍受的华而不实的信息。"

至于数据的质量，部分取决于你的部门，同时还要看从环保的角度来讲，整个公司的评价结果如何。像户外服饰制造商巴塔哥尼亚或清洁用品制造商 Method 这类以环保著称且受人尊敬的品牌，相比较那些缺乏绿色形象或是历史记录的公司，一般不需要证明什么（不同情况可能并非如此。巴塔哥尼亚和 Method 那些见多识广、有环保意识的消费者可能是全球最难缠的客户，总喜欢怀疑和挑战绿色声明）。一些企业和单位团体客户可能需要更深入的信息，而且他们没有时间去一一搜寻。此外，公司也需要调整信息量来反映你有多重视该产品的绿色属性，以及你有多积极地想宣传这些属性。有时候，信息量少反而效果更好。

这里的关键点是：你要了解客户和利益相关的人（如活跃分子、消费者、领导者、媒体等）已经知道什么，想了解什么，来确保你能达到甚至超越他们的预期。然后你一定要把你主打的环保属性与消费者期待这种产品所具有的属性联系起来。夏皮洛说："这是'优势匹配'，试着在谈论环保好处之余，也要重视其他合适的信息，如品质、耐久度、价格、成效、风格等。"

另外，这样做的主要原因不完全是为了顾客，也是为了员工。他们是第一个需要确认你所说的声明确实成立的人。万一员工发现与事实不符，他们也会是第一个变得轻视公司的人。因此，要让头号选民和你站在同一战线，佐证和数据绝不可少。

←—— 关联度（R）——→

这是利用绿色来为主要利益相关人创造价值。好的绿色策略既要能达成短期企业目标（如推出产品、增加收入，被认为是'好'公司），还要确保你的努力可以持续，因为它们能为企业带来商业价值。这样的策略应该怎样拟定呢？换句话说，你如何确定这些策略从业务的观点来看也能持续发展？

那些不利用环境成就与承诺来创造企业价值的公司常常会发现，当时局变得很艰难时（如当领导层换人、股东提出问题，或是公司运作不便时），绿色通常是第一个被抛弃的。另一方面，如果你可以说"我们的持久方案能创造出新的市场、增加新的产品，也让顾客变得更忠诚，并因此降低了成本，还提高了销售收入"，那么这可以让持续方案和整体的环境议题都有长期执行下去的理由。

夏皮洛表示："关键是公司要想出怎样把持久方案与核心事业目标和成长轨迹连成一体。如果某家公司还处于引进产品阶段，或在攻城掠地大肆扩张地理版图，或是正在缩减成本（不论是商业循环的哪个阶段），其都可以利用持续发展作为创造价值的源泉，而不是当成良好企业公民的标志。"

当企业太过超前或是远离核心业务目标时，就会遇上麻烦。当比尔·福特（Bill Ford）担任他曾祖父亨利·福特（Herry Ford）创办的福特车厂的总裁兼CEO时，他为了打造更环保的形象而忽视了这个荣誉。比尔·福特堪称是各大公司CEO和汽车产业里最有决心的环保人士。在他的领导之下，他很重视（而且投入相当多的政治资本）绿化公司的重要生产厂房，包括增进建筑的能源效率、在天花板上种植植物、把附近工厂从公众的眼中钉转变为社区邻里的珍宝等。

至于公司生产的汽车呢？同样在此期间，福特设定然后又撤销了让轻型卡车（包括越野车）的燃料效率提高25%的承诺、在2010年前打造25万辆油电混合动力车的誓言；最后他也终止了一直进行的电动车计划，认为这项计划不切实际，公司也无力负担。

这里有一个明显的问题是：在福特著名的红河厂房屋顶上铺设草

坪，制造更具能源效率的车、进行更多能源与环境创新，并把绿色属性与高品位、性能和科技结合在一起，这二者哪一个更能与终端消费者产生关联？福特的财务问题当然不完全是因为公司以绿色为重所致，但历史证明这个公司独特的环保目标与信息显然与市场是毫不相关的。

再者，公司绿色策略的关联度不完全在于你卖出了更多产品，还可能在于吸引并留住了人才。夏皮洛说："在公司开始考虑几个不同的利益相关群体时，它们可能会发现'我们并未了解到，有许多员工和新人都愿意为绿色企业工作'。企业只要能展现出自己在绿色议题上的领导地位，就真的可以降低人才流动的成本，以及招聘和留住人才的相关成本。所以，关联度因素可以是：这是你的客户想要买的东西吗？也可以是：这是顾客、投资人或其他市场参与者会给予你奖励的东西吗？"

←——— 有效信息（E）———→

如何把复杂的资讯转为独特、有效的信息？很少有公司能做到把令人困惑的事实——理清头绪，并转换为有说服力的故事。

它们不是没有尝试过。在我这几年看过的和能源或气候相关的广告或新闻当中，大部分公司都会提供一些减少路上汽车数量的对比信息。香港上海汇丰银行（HSBC）网站上这么写道："2005年，它们购买的碳排放量，相当于125 000吨的碳排放量，相当于减少了路上的29 000辆车。"据另一个公司的新闻所说，该公司2006年减少了87 000公吨的二氧化碳排放量（相当于减少了18 000辆车）。

当然这两个广告都没有错。我姑且认为这些新闻的作者的数据是正确的（一般每辆最新出厂的轿车每年会排放5吨的二氧化碳气体）。但重点是：减少多少辆汽车，或是种了多少棵树、供给几个家庭的用量、减少了几个标准泳池的水量、减少了有巴黎埃菲尔铁塔那么高的废弃物、节省的路途可以往来地球与月亮间几趟等，这些比较单位对消费者来说有意义吗？特别是当他们已经从多家公司听过类似的说法之后（我有时候不禁会想，把所有广告里宣称减少的路上的车辆数量加总起来，是否会超过路上现有的车辆数呢？不过这样讲就离题了）。

所以，关键在于找出有效的方法来理解这些环境数据。

此外，找出正确的沟通途径也很重要。什么是合适的媒体？什么时候最适合和公众谈论这些议题？通过广告和公关这样的途径合适吗？还不完全如此，夏皮洛说："我们听到越来越多的消费者和行动者指出，公司花在宣传某项绿色产品上的经费是执行这项绿色产品花费的两倍。这点真的很讽刺。有效的信息并不总是用大把的银子砸出来的。相反，有效的信息是匠心独具的、像病毒般或是幽默的，或是与某项合作连在一起的，或是透过非传统方式传播的。"

换句话说，它既是媒介但同样也是信息。

←—— 差异化（D）——→

你的所作所为是独特的吗？你的策略听起来是你确实投入精力制作的，还是只是模仿或是跟着其他人照葫芦画瓢而成的呢？

差异化确实很难做到，因为标准总是不断提高的。几年前，还只有一小部分公司拥有广为人知的绿色策略。现在，很难找出哪家大公司不这么做。所以现在要做出差异化是越来越难了。

但这也是小公司可能拥有的优势之处。小型的本地公司较慢地踏上绿色之途，因为它们缺乏做出改变的人力与财力资本，也没有活跃分子、消费者、员工、投资人和其他人的帮助。也正因为这样，一家本地的印刷公司、旅行社或是零售商会更容易让自己脱颖而出成为环境领导者。因为它们并未面对许多的绿色竞争，而对它们的环境期待一般也要比大型公司低。小公司只要通过单一行动就能脱颖而出，例如鼓励员工自愿参加环保组织，或是在经认证的绿色建筑中选址。

甚至对较大的公司来说，差异化也与竞争的环境息息相关。举例来说,在信息科技领域中:戴尔、爱普生(Epson)、惠普(Hewlette-Packard)、IBM、利盟(Lexmar)与其他硬件制造商都竞相要成为最环保的厂商,生产最具能源效率而且易回收的产品。在这样的情况下,大公司要想脱颖而出就更难了。

夏皮洛说:"差异化不仅意味着你要做的比每个人都多,而且还要做出独到之处,让人们能够以一种独特的方式辨认出这是你的公司和你的绿色行动。"

可信度、关联度、有效信息、差异化、这些是成功的绿色策略的构成要素。

这四个因素的顺序或许会因公司而异。举例来说,或许应该从关联度开始着手,找出最合适你的客户与公司文化的价值观,然后再思考如何用可信、差异化又有效的方式来传达这些信息。

夏皮洛说:"我们内部曾对此进行过很有趣的讨论,研究应该从哪个环节开始。我的结论是:要视公司所处的位置而定。如果是刚开始发展持续计划的企业,或许从可信度开始比较合适,因为这对它们来说是最重要的。但公司如果涉入得较深,比如巴塔哥尼亚,你的处境就不同于新公司了,你可能应该从差异化入手。"

你可以从任何地方开始,底线是要涵盖所有的这四个方面。

第30章

公关与多种"漂绿"

　　你可能并不认为绿色企业的世界还需要更多的曝光，毕竟这里一直不缺媒体故事、博客、网站电视节目、布告栏、活动，还有对其他公司、产品与服务的大肆宣传。但是请准备好迎接更多。公关界已经发现了这块绿地，正在摩拳擦掌，而全球大企业似乎也已经锁定目标、装好弹药，准备要加强它们的讯息攻势。几乎所有的大公关公司，都已经推出以永续发展和企业责任为重的操作，如博雅（Bruson-Marsteller）、艾德曼（Edelman）、福莱（Fleishman-Hillard）、CGI Group、高诚（GolinHarris）、传达（Hill & Knowlton）、凯旋公关（Ketchum）、Manning Selvage & Lee、奥美（Ogilvy）以及万博宣伟（Weber Shandwick）。

　　公关的绿化反映出一个新发现的现实：现在企业可以安全地（至少是比较安全）谈论它们的绿化故事。这趟破冰之旅，要归功于两家公司。第一是奇异，该公司在 2005 年推出的"生态想象"活动让全世界知道，一家原本不被认为是绿色领袖的大公司，也能够公开提出大胆的计划，而且不会招致恶毒的攻击（的确，在几年后的今天，伊梅特与其他奇异高级主管仍是环保与绿色企业会议中最炙手可热的演讲者）。第二是沃尔玛，它推出了一连串令人眼花缭乱的环境承诺与方案。尽管沃尔玛并未受到环境人士的普遍推崇，但在某些思维领袖眼中，它却成功地自我转型，从落后者转为领袖者。两大企业的成功故事，让其他公司也能自在地跳入水中，更公开地谈论环境目标与方案，即便这些都还谈不上完美也没关系。

不过，尽管破了冰，但水温依旧很冷。一如市场调查公司伊雷公司在2007年的报告中所指出的："消费者很怀疑那些产品上贴着'绿色'或'对环境有益'标签的公司。"研究发现，70%的美国人觉得"当公司说某项产品是'绿色'（意味着对环境有益）时，通常这只是它们的营销技巧。"其中强烈认同的人占12%，基本认同的人占58%。

公关界可找对差事了。

当然，最大的问题仍是，这些公关热潮是否真的能提升民众对企业的了解度。也就是说，越来越多的新闻稿和媒体的披露，真的能反映出企业所做的努力提升了环境成效，或者让大家注意到它们一直都在进行的努力吗？绿色企业问题的报道增加，是否会带来良性循环，也就是民众对企业的注意力和期待升高后，企业能否带来更多、更重大的承诺与行动？民众厌倦了老是听到这类"我也是"的故事，是否会助长企业对现有状况的怀疑，刺激它们在绿色列车全速前进前就先跳车离开？这两种情况都可能发生。

这也让我想要挑战公关专业人士：你能带领顾客超越短期的媒体披露，建议企业创造长期价值，定下更高的目标，做出更勇敢甚至是大胆的承诺，以从同业中脱颖而出吗？或者，你是否会只专注于下一季度的表现，创造出昙花一现的媒体披露，庆祝渐进的改变，以此来代替大幅的进展？

讲到公关,多好才算够好?

说到这个,某家公司似乎抓到了诀窍,至少有这么一则新闻稿可以为证。我和同事在 GreenBiz. com 每天都会看到数十篇这类的新闻稿,不过真正读过的稿件只有寥寥数篇(我才不关心下星期六是不是"全国帆布袋日"呢!),但这一篇却吸引了我的注意力,来自于百年吸尘器与扫帚老店(不过当今的营销用语,是"地板维护创新者与国际家庭清洁用品制造商")贝帚(Bissell Homecare Inc.)在 2008 年春天所发的新闻稿。新闻稿的标题非常谦虚,写着:"贝帚现在更绿一点啰!"部分内容如下:

贝帚矢志要降低对全球环境的影响,我们的作法是找出并实行与所有关键业务目标一致的永续政策。"我们知道贝帚不会一夜之间绿化,但是重要的是在于我们做了一系列的努力来让自己更绿一点,并设定实际但远大的目标,让理想成真。"贝帚总裁兼执行长马克·贝帚 Mark Bissell 说。

接着新闻稿介绍了公司新款"小绿"吸尘器,以无聚氯乙烯集尘箱和吸尘软管为卖点,而且零件都是由 100% 消费者回收塑料制成的。

把"更绿一点"跟"小绿"连接起来是很聪明的作法,也让整个讯息感觉更真诚,一路延伸到谦虚的执行官。

这也正是多数企业文章里所缺乏的特质:通常这类文章里都是通篇好话。在传统的公关圈里这很有道理。的确,这是公关的本质。但在绿色经济里,大家都知道没有哪家公司在环境上的努力是完美的(多数都相距甚远),这时硬是添上绿色的光环只会有反效果。多疑的民众自然会假设这家公司绿得太不真实了,八成藏了什么秘密。所以,挑战在于找出方法让讯息还是集中在正面,但却不会冠上属于你的称赞,甚至可能要少说一点。

为了要被视为是绿色企业,不妨把公司当成独立的个人。你可能会赞扬特定个人的美德与成就,但不太可能会把他塑造成完美偶像。

大家都知道每个人都有缺点，有些还很严重，就连最受崇拜的偶像也不例外。若说他们是零缺点，可会被认为言过其实。

有人说过，唯一"正常"的人，是那些你认识还不深的人。所以，绿色企业与产品也是一样。

第31章

北极熊、树蛙与蓝莓

把话说对已经很难了，但要找出正确的照片也并非易事。

想当年，心怀绿色的广告或营销人员只要放一张树的照片，就能用这个举世通用的自然象征来表达意思，再不然放张小孩在海滩上嬉戏的照片也能过关。影像是用来与文字相互补搭，协助营造气氛，或用视觉来沟通文字的内容，非常直接了然。

但现在情况不一样了。当然，每张照片都有个故事，不过在宽频的年代里，网络和电视影像如雪片般涌入，这些故事本质上一定要简洁有力。今日的影像，就像是沟通的每个其他方面一样，不只是艺术，也是科学。挑对照片不只是图片总监或艺术总监的工作，让社会科学家、市场研究人员还有焦点小组在旁边分析最能有效传递讯息的视觉细节，找出正确的树、生物，以及引发共鸣的场景。

试想一下盖蒂图片社（Getty Images）的例子；盖蒂是全球

最大的商业与消费者图库供应商，拥有 7 000 万张静态影像。2008 年，该公司出版了一份研究，探讨最能引发消费者对环境议题共鸣的照片。盖蒂调查了前一年 2 500 个广告的影像，并得出结论说："用来宣传绿色活动的最传统的影像，有可能会成为视觉上的陈芝麻烂豆子。"

盖蒂也与杨克洛维奇公司合作，调查了 3 000 名消费者，以理清哪一种绿最能让人觉得是与环境有关。它们给消费者看看似不同的几种色调，盖蒂称之为"森林绿"、"草地绿"、"橄榄绿"、"莱姆绿"（这只是内部用的名称，并没有透露给消费者知道，以免影响调查）。尽管一小群成熟女性都选择草地绿，但整体来说森林绿获得了压倒性的胜利。

盖蒂也发现，有个特别的两栖类——红眼树蛙（学名 Agalychnis Calidryas）也非常受欢迎。它居住在中南美洲的雨林里。这种小树蛙大概只有二到三寸长，特别的是其巨大的红眼、荧光绿的身体，还有红色或橘色的脚。这种树蛙似乎已经成为拯救雨林活动的大使（尽管树蛙本身还没有面临危险，但它的栖息地却岌岌可危）。

盖蒂图片社的创意研究副总裁威格纳（Denise Waggoner）无法解释，究竟为什么树蛙会从所有的生物里脱颖而出，成为生态形象的首选。她认为，或许是因为和其他青蛙一样，树蛙是通过皮肤来呼吸，会吸收空气与水分里所有不洁的成分；或者是因为它会让人想到芝麻街节目里的 Kermit。威格纳说，更可能是"因为它实在太上相了，所以我们总是会把这种小生物给人格化"，更何况它还有双迷人的眼睛。

但挑选动物也有其缺点，特别是如果你选的生物突然间面临绝种。可口可乐的情况就是一例。可口可乐从 1993 年开始把北极熊用在广告语商业广告上。但是，在这些洁白又毛茸茸的哺乳类身上，却发生了一件不怎么有趣的事：它们成为气候变迁的受害者。从技术上来说，北极熊是"脆弱"的物种，但是相较于某些动物学家与气候学家的担忧，这个词还太温和了。他们相信，全球暖化导致的北冰洋冰块快速融化，会让北极熊的数量在 2050 年之前减少 2/3。

这时候，大打"美好时刻"广告的饮料公司该怎么办？

2005 年，绿色和平组织向可口可乐提出这个问题。它们创造了一段网络视频，作为气候宣传活动的一部分。这个广告用来呼应可口可乐自己的广告，影片里出现了一只小北极熊在喝可口可乐，但旁边的冰层一块块崩裂。最后，熊掉到水里，奋力挣扎，沉了下去。这个广告借用了可口可乐的老广告词："全球暖化，是真的。"

可以说这个黑色幽默让可口可乐的每个营销主管胃部都一阵灼热。他们想要公司采取法律行动控告绿色和平组织触犯商标法。不过，最后还是冷静思维获得了胜利。可口可乐最后终于体会到，它有机会化危机为转机，把这个问题转向对公司有利的方向。它与世界野生动物基金会（World Wildlife Fund，该机构的吉祥物是熊猫）合作推出计划，教育消费者北极熊的困境，并通过该基金会直接支持北极熊保育计划。该公司成立了可口可乐公司北极熊支援基金，并推出了一个小网站"让你可以了解更多北极熊的知识，以及该怎么做才能帮助地球"。

对保护北极熊来说这只是一小步，但对可口可乐的形象来说却是一大进步。

不只是可爱小动物的照片会有问题。挑选人类的照片也会造成意料之外的效果。想想奥瑞冈一群蓝莓农夫的故事。几年前这群农夫开始实施当前食品营销的必要招数，把农夫的照片贴在蓝莓箱子上。

理由当然是，食物现在需要用故事来包装以促进销售。走在全食市场或是任何其他商店的走道上，往哪都能看到食物的故事。买一打鸡蛋，你会看到鸡的名字还有住所，连同农夫的老婆、小孩，还有黄金猎犬的名字都写在包装上。奶酪厂商石原农场甚至会送你"哞电子报"，让其中一只乳牛告诉你生活近况。在全球化和农业商业化的年代，餐点是从 1 500 英百里外的农场经过长途跋涉才送到你餐桌上的，因此人们会想要知道更多食物是从哪里来的消息，所以才有了这些故事。

于是奥瑞冈的蓝莓农夫（或者也可能是营销专家的点子）决定要把农夫的照片放到盒子上。一切看来都很不错，除了一个小缺点。这招在他们最大的市场之一日本行不通。

在日本，蓝莓被认为是有益眼睛的食品，主要因为水果内含有高浓缩的花青素，这种天然复合物相当有益健康，包括缓解视疲劳、增进夜间视觉敏感度、在强光下可以更快适应等。蓝莓在日本是很流行的眼睛健康食品，因此有"视力水果"的称号。

这也没问题，但不巧的是，某些奥瑞冈的蓝莓农夫正好戴着眼镜。为了要保持颜面，他们只得重新拍照，这次要记得拿下眼镜。

所谓的后见之明啊。

第32章

联营与合作的力量

耐克、哈雷（Harley Davidson）、赫曼米勒、福特。

这四家公司有什么关联？乍看好像没有。鞋类与服装公司、摩托车制造商、家具公司、汽车公司，它们会有什么共同点？

它们都要购买皮革，而且都想购买绿色皮革。

它们与其他公司联手开展了规模不大的实验，以探究是否能联合起来达到个别与集体的目标，也就是减少或消除皮革和其他工业原料中的毒性，并减少原料的浪费。这个概念被称为"物料联营"（Materials Pooling）。

这个灵感出自于眼光远大的德国化学家布朗嘉。他与麦唐诺携手合作推广"从摇篮到摇篮"的产品设计概念，闻名全球。简单来说，物料联营是指由好几家公司一起跟供应商合作，以便为有问题的原料寻找比较符合生态效益的替代方案。

布兰卡特解释说："在明智的物料联营中，各伙伴同意共享特定的高科技与高品质物料、联营讯息，以便为封闭式的物料流打造出健全的体系。"

在组织学习协会（Society for Organizational Learning）的主导下，一群公司针对皮革和其他三种物料共同组成了工作小组。这些公司的经验显示，这个概念虽然还在起步阶段，但很有希望成为强而有力的手段，使它们能以携手合作与节省成本的方式，打破看似牢不可破的障碍，达到消除毒物与浪费的目标。

事实证明，制造皮革不只会害到牛。六价铬被广泛运用于电镀中。这种化合物最为人知的地方在于：它就是引发活跃分子布洛克维奇（Erin Brockovich）在法律大战中打败太平洋气电公司（Pacific Gas & Electric）的污染物，并因为茱莉亚·罗伯茨在 2000 年所主演的电影而声名大噪。它是已知的致癌物，也是慢性呼吸病的主因。在好几年前，物料联营公司便联手寻找不用六价铬来鞣制的皮革。

这可不是件简单的事。每家公司都有自己的需求，跟别人的需求也不见得一样。福特的皮革要有最好的效能，而哈雷则更注重外观。这个小组构建了网站交换讯息，但却发现没有人用，小组也没有联手发挥集体的购买力。不断有各路厂商提供比较环保的替代方案，该小组便跟它们交换专业知识与经验，以研判有哪个方案行得通。每家公司同样有不同的问题：有的皮革需要防水，有的需要耐用，有的必须适合作为高级的机车套等。这是个漫长的过程，也是任何人都绝对不愿看到的。而且比起来麦唐诺和布朗嘉的指导蓝图——靠"封闭式的物料流"创造出能在产业体系中重复使用的"技术养分"，某些"胜利"实在微不足道。

物料联营是公司跨产业携手合作的几个例子之一，它设法让各界一同解决没有人能单独解决的问题。另一个例子是由社会责任企业协会（Business for Social Responsibility，BSR）所筹建的干净货物工作小组（Clean Cargo Working Group），其任务是协助公司把永续经营融入经营策略与营运中。

直到最近，各公司才注意到把货物运到不同地方对环境的影响。货物的影响看起来比较模糊，真正的成本都隐藏在复杂关税中。在改善货车、铁路和海运公司的效能方面，各公司似乎也无能为力。此外，并没有行动人士或主管机关在这个议题上采取强势的作为。

近几年来，这一切已有所改变，因为气候变迁和空气污染引发了人们的忧虑，货运对环境的影响也受到众人瞩目。行动人士发起活动来抵制肮脏的远洋货运业者，有少数公司也采取了行动，包括世界上一些最大的货运客户在内。

跨海运送货物会耗费可观的环境成本。全世界的贸易商品有九成以上都是靠上万亿美元的海运业在运送，而根据卡内基梅隆大学（Carnegie Mellon University）的资料，在化石燃料所有的氮排放物中，有 14% 因此而生，汽油的硫排放物则有 16% 是海运产生的。2008 年联合国国际海事组织（United Nations International Maritime Organization）委托的科学家所做的调查发现，海运占了全球二氧化碳排放量的 4.5%，是空运最新估算值的两倍。

这其中的一个原因是，货船是靠"船用燃料"在跑。当汽油和其他高级燃料从原油中提炼出来后，剩下的就是这种最脏、最便宜的产品。船用燃料含硫量比柴油高了 5 000 倍，因此行动团体蓝水网（Bluewater Network）表示，一艘货柜船所排放的污染物比 2 000 辆柴油货车还多。当船停靠在码头即使在空转时，也会造成污染。加州长堤和洛杉矶港区有 45 平方英里，当地的 40 多万居民患癌症的几率比联邦政府认可的概率高了 200 倍。另一项研究则指出，远洋船只的排放物一年大约造成 6 万人死于跟心肺有关的癌症。

压舱水是另一个主要的影响。现代货轮在船身内装了数百万加仑的水，它可以左右移动，以确保船只得到适当的平衡，这也提高了安全性与速度。在入港装卸货物的时候，船只都会固定更换压舱水，排出船只的水里则充满了之前所到港口的有机物。有人分析了驶进加拿大的外国远洋船只所用的压舱水，结果发现每立方米的水里，将近有 13 000 只海洋生物。这些生物大部分到了新环境就不会存活，但还有一部分生物会成功地寄养在当地，有时候还会造成环境破坏。污染美国大湖区的斑马贝就是一个例子。光是因为它们，各湖周围的社区一年就要花费数百万美元来保护水源，而且这种贝类还在持续扩散。

　　要如何降低这些冲击？社会责任企业协会成立了会员工作小组来研究与运输有关的气候议题。其中的干净货物小组中包括了美国约 20% 的最大进口商，所包含的公司有奇基塔品牌（Chiquita Brands）、德蒙特食品（Del Monte Foods）、惠普、家得宝、宜家家居、美泰（Mattel）、耐克、威廉斯索诺马（Williams Sonoma）等等。社会责任企业协会还召集了一群船舶公司，包括川崎汽船（K Line）、马士基海陆（Maersk Sesland）、日本邮船（NYK Line）、钱行渣华（P&O Nedlloyd）。

　　在成立小组时，社会责任企业协会和它的公司会员都知道，运输是环境管理供应链的大漏洞。有许多主要的船舶公司已经开始关注本身的环境冲击，但运输客户却无从掌握它们的进展，或是要求船舶公司负起责任。同时，货主也不停地对货运业者发出一份又一份的问卷，而且大部分都是不同的问题，有时候还会问错。即使船舶公司遵守业界标准，货主也知道还有改善的空间。业界的国际海事组织所订立的标准是最低的标准。

　　这里需要的是共同语言。运输公司和客户缺乏共同的语言来探讨排放、环境管理和方针。此外，假如公司有环保方案，我们也无从得知谁是拍板定案的人——是管理高层，还是运输部门的某个人。

　　在社会责任企业协会的主导下，货主们开始集会，讨论使运输更

184

环保、更干净的办法。后来这批人邀请了运输业者加入。最后货主提出了一份草拟问卷，并拿去询问船舶公司的意见。他们不仅是在校订问题，还把自己的问题也加了进去。例如货主并没有问到安全的事，但这却是货运业者主要的关心项目。问卷中也没有提到一些货运业者已经在环境管理系统中追踪的事。于是两组人马便聚在一起，逐句检讨问卷并研商细节，直到双方都满意为止。虽然前后磨了几年，但这份问卷如今已成为实质标准。

在干净货物和物料联营的经验中，值得注意的不只是它们为公司直接带来的价值（虽然那或许相当可观），而是它们证明了，当公司共享购买力、资源、资讯与知识时，可以产生什么效果。它们也展现了贸易伙伴用心付出的巨大影响力，包括寻找共同的语言、了解彼此的需求、设法寻找工具与解决方案来反映共同的商业利益，以及不管要做多久都要坚持到底。

它们还印证了合作的力量，以及有必要共享解决方案。当各公司都在寻求用更多的方法来降低本身对环境的冲击，并提高实践环保的商业价值时，有许多人都发现自己做了无用功。这些年来，让我很感动的是，公司愿意分享自己的心得，连对竞争对手也一样。

在某些情况下，智慧是从小公司往上流向大公司的。有个个错的例子是，我曾经认识一位新比利时酿酒厂（New Belgium Brewery）的主管。该公司主要酿制 Fat Tire 啤酒和其他备受好评的精酿酒，并因为进步的环保与职场作为而受到赞扬。我问她，公司在环保方面获得奖项与表扬后，有没有引来其他酿酒厂去新比利时位于科罗拉多的科林斯堡（Fort Collins）酿酒厂朝圣与请教。

"当然有！"她回答说，"我们不断接到当地酿酒厂的电话，而我们也乐意把自己的做法告诉他们。"

"都有哪些企业呢？"我问，以为她会念出本地其他酿酒厂的名字。

"哦，像是酷尔斯（Coors）和安海斯—布希（Anheuser-bush）。"
她回答道。

说得真好。在绿色经济中，公司会发现自己需要运用大、小同行
的经验、观念、热情与智慧，才能满足本身对于进步的渴望。

Part 5

多好才算好？

　　问题的另外一个层面是，要多好才算够好？它优先于一切微不足道的问题，包括标准、传输信息和民众认知等方面。这个问题直接指向绿色产业的思考和策略核心：要多好才算够好？换句话说，公司必须做到多好才能为环境带来真正的改变？所有的公司必须做到多好，才能在全球气候变化及其他社会和环境挑战上一起发挥有意的作用？

　　真相是，有许多受到赞扬的环境成就在影响层面上都微不足道。它们虽然必要，但却不充分。毕竟，在谈到大幅减少，甚至是停止热带雨林砍伐时，化妆品里那几克取自于雨林植物的成分，真的会产生什么影响吗？质量轻的铝罐真能充分减少资源消耗，使温室气体减少到可以接受的程度吗？使用塑料较少的品牌瓶装水足以使得人们对于处理塑料废弃物和污水时所消耗的能源少担心一些吗？如果食人族用叉子吃东西，这算是进步吗？

　　习惯上的回答是："嗯，统统都很好。"然后就到此为止。一切"的确"都很好——这意味着，我们不希望任何公司因此妥协，希望它们能继续以对环境负责的方式思考和行动。不过重点在于，有时候我们要退一步来评估状况，然后问："这样足以达成重大的改变吗？"

第33章

气候变迁的超级任务

　　这里要说明的一点是，绿色经济所承诺的进步与美好前景，或许远不足以让我们充分应对环境挑战。为了陈述这个论点，我会建议使用表 A、表 B、表 C。

　　表 A 是由主持普林斯顿大学减碳专案（Carbon Mitigation Lnitiative）计划的工程学教授苏克罗（Robert H. Socolow）和生态学教授帕卡拉（Stephen W. Pacala）发明的。2004 年，在《科学》（Science）期刊所发表的论文中，两人查看了五十年来的气候变迁，并提出可能产生不同后果的两条路：一是照常营业，结果可能导致灾难性的破坏，像是干旱、洪水、大风暴、饥荒、资源大战、大变迁等等。另一条路则是可以避开这些灾祸的社会和科技创新。这两条路一个不可想象，一个还想象不到，两人指出，一切都得看民众如何选择。

　　苏克罗和帕卡拉认为，如果要稳定温室气体的浓度，在

2054 年之前，一年的温室气体排放量必须减少 70 亿吨。为了让这个数字比较好理解，他们找了 15 个潜在的"楔子"，每个都能处理总量中的 10 亿吨温室气体，并以此为例来说明需要的工程量有多大。因此，他们的目标需要 7 个这样的楔子才能达到。他们的想法是，盯住 7 个大目标可能比盯着成千上万个小目标要容易，这样我们就能更加专注在物美价廉的解决方案上。

这些所谓的稳定楔子在规模和范围上都很可观。它们是典型的超级任务（BHAG，意指巨大、困难又大胆的目标（Big, Hairy, Audacious, Goals））。针对苏克罗和帕卡拉所说的全世界都必须去做的事，以下只是其中 7 个例子。要是在未来五十年——做到，就能分别达到处理 10 亿吨温室气体的目标。

■ 全世界 20 亿辆车的燃料效能从每加仑跑 30 英里倍增为 60 英里。

■ 20 亿辆每加仑汽油可行驶 30 英里的车，所跑的路程从每年 10 000 英里减少到 5 000 英里。

■ 大楼和家电减少 25% 的碳排放量。

■ 所有的家庭、办公室和商店减少 25% 的用电量。

■ 把 1 400 座大型的燃煤式电厂改成燃气式电厂。

■ 太阳能发电站比现有水平高效 700 倍，以取代燃煤式电厂。

■ 风力发电站比现有水平高效 80 倍，以产生车用氢气。

记住，这并不是非此即彼的（Either/Or）的问题，而是必须把这七件事全做到，或是采取对等的行动，才能让温室气体量保持稳定，并控制在 500% 以下，相当于工业化以前温室气体浓度的 2 倍，而且即使如此，可能还远远不够。有些专家相信，500% 的上限太高了，应该到 450% 或更低才对。这表示我们还需要更多或更有企图心的"楔子"。汉森（James Hansen）博士是美国国家航空航天局哥达德太空研究院（Goddard institute for Space Studies）的主任，也是世界上最知名的气候学家。他在 2007 年表示，300%～350%是生物圈和人类生存可以接受的安全水准。当时温室气体的浓度是 383%，而且每年大约提高 2.5%。此外，有些楔子对未来的假设只是有根据地猜测而已。比方说，20 亿辆车的燃料效能到 2054 年要倍增的想法如果要摆在现有情境中来看，目前地球上大约只有 8.5 亿辆车。

在数字上争论并不是重点，重点在于我们需要多大规模的解决方案。而且其中有个潜在的危险：随着大家对于绿色产业的兴趣持续增加，以及媒体没完没了地对于主动投身环保的公司投以日益关爱的眼神，大家很容易误以为我们来到了某个转折点，并且有一波不可抵挡的行动正在展开。在某种程度上，这或许是真的，但苏克罗和帕卡拉也说过，我们根本还没开始解决问题。

◀━━ 绿色产业状况 ━━▶

表 B 是 "2008 年绿色产业状况"，这份报告是由我在 GreenBiz. com 的编辑团队所编制的。在 2007 年，我们开始去评估一篮子具有代表性的指标，并从中看出了：整体而言，公司在 20 个环境表现指标上有没有进步。我们所评估的趋势中有总体指标——过去几十年来，产出一单位国内生产总值（Gross Domestic Product，GDP）所需要的能量，以及产出每单位国内生产总值所排放的有毒化学物质和二氧化碳量。我们所观察的趋势还有员工共同拼车和远距离办公、认证绿色建筑的增加、纸张的使用与回收、电子废弃物的处理与回收、包装材料的使用、碳交易、清洁技术的投资等。我们每年都会更新这些资料（最新版本的免费报告可以上网下载：www. stateofgreenbusiness. com）。

我们的发现还算振奋人心，却也有值得反省之处。绿色产业的领域展开了这么多的行动，对环境来说，正面的影响却并不大。在好几个例子中，进步都被经济增长所抵消。在某些例子中，进步则是被问题的严重性给比了下去。

以下是几个实例：

■ 美国经济的碳强度开始常态性地持续降低，这是指产出每单位国内生产总值所排放的温室气体的下降。这代表了五十多年来，能源效率持续在改善（要是以每美元的国内生产总值来算，从 1950 年起，美国所耗用的能源减少了 75%，生产一单位国内生产总值所需要的美元和耗用的能源比从 9.4Btu/Dollar 减为 2.5Btu/Dollar）。但整体而言，碳排放量仍在持续，或者只有微幅减少。在现有的 2006 年的最新资料中，能源消耗比前一年少了 1.5%，这点无疑令人鼓舞，但只要一想到眼前的工作，这种进步就令人汗颜。与苏克罗和帕卡拉所呼吁的大幅削减比起来，当然更是如此。

■ 电子废弃物的收集与回收增加缓慢，根本赶不上二手电脑、打印机、监视器、服务器和其他相关废品产出的增加。说得严重点儿，我们正在被埋葬。回收电子废品计划的数目虽然有所增加，但被拿来回收的设备在比例上仍然偏低。以 2006 年为例，回收电子废弃物的数量与前一年没什么两样，而且这些东西在短短几年内就需要回收，但消费的电子产品却比前一年增加了 40 万吨。

■ 从整体的积极面看，绿色建筑的需求和规划正如雨后春笋般增加，而出现的理由则不一而足。从能源价格偏高，到企业的虚荣心，这其中的原因各不相同。企业对于清洁技术的投资也持续增加，清洁技术的专利申请亦是如此，而且它是新科技与商机的主要指标。公开表示自己影响到气候的公司数目虽然不多但在持续增加。造纸所消耗的单位国内生产总值在减少，回收的纸张则在急剧增加，两者都是正面的趋势。

为了试图替这些混乱的信息理出一个次序，我们用了三个图案分别来表示这 20 个趋势，以指出公司是在不断进步（游泳）、退步（下沉），还是勉强撑住（打水）。这 20 个趋势当中有 8 个被认定是在"游泳"，2 个在"下沉"，10 个在"打水"。这顶多是份粗略的报告，因为即使是处在"游泳"的趋势，大部分也不是以奥运会的速度在游。

← 第四象限 →

表 C 是由凡·琼斯（Van Jones）提供的，该表把环境与社会公平说明得既清楚又有启发性。琼斯是加州奥克兰非营利机构"为全人类而绿"（Green For All）的共同创办人及执行董事，他设法用几句话把看似不相关的层面连接起来："环境正义"——穷人很容易不成比例地罹患由环境问题所引发的疾病，连工业化国家也不例外；"经济正义"——"富人"与"穷人"之间的不公日益加深与扩大；"囚禁经济"——把麻烦的年轻人送去坐牢的警车所配备的电脑，比逮捕年轻人时在教室所看到的电脑更先进、更精密；"清洁科技革命"——它创造基层绿领工作的全部潜力；"环境问题"——从气候变迁到儿童哮喘；"企业的角色与责任"——为了创造公平正义的社会。

琼斯设法以前后一致和有说服力的方式，在几分钟内把这些事串在一起。他试图确保干净和绿色的经济，不只能使少数的特权分子获益，他的理论也适用于整个全球社群，对大家都有利。有的国家和这些国家中的某些地区靠绿色经济的迅速成长而快速发展，有的却可能被排除在外。

在他的说明中，琼斯提到了他所谓的"第四象限"：以标准的二乘二坐标轴为起点，其中横的 x 轴左边代表旧式的"灰色"经济，右边代表新兴的绿色经济。直的 y 轴上方代表富人，下方代表穷人。所形成的四个象限则代表灰色经济对富人和穷人的影响，以及绿色经济对这两群人的潜在影响（请见图33—1）。

左上方象限代表主流的环保意识，而且至少在过去七十年中，我们也目睹了它的演变。它所呈现的形象是溺水的北极熊，琼斯则把它形容为"社会对气候变迁的担忧"的象征，起码从经济安全的角度来

富人

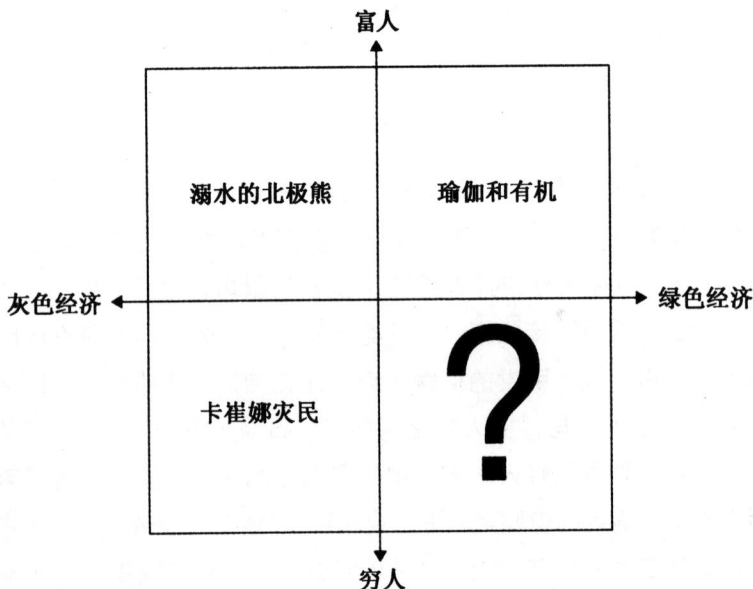

图 33—1　第四象限

看是如此（第一象限代表有钱人对环境问题的想法。他们多半把焦点摆在北极熊、迷人的大型动物、雨林、鲸鱼之类的事物上。有人认为以此为焦点绝对是好事，因为这些物种无法为自己辩护，无法替自己发言，所以有人属于第一象限是好事。他们关心环境所受到的伤害，所以会提出特定类型的意见）。

左下方象限的示意图是类似北极熊在游泳的概念。它的形象是卡崔娜飓风过后，一位非洲裔的美国妇女在洪水中费力地前进。它象征着环境的恶化对于穷人所造成的影响。"这些人谈的不是北极熊或雨林"，琼斯说，"他们谈的是癌症、有毒废弃物、铅涂料"，这些都是环境对于低收入民众的健康所造成的不公正的影响。当穷人谈到"环境不好"时，他们所谈的并不是北极熊，而是自己小孩有哮喘的事实。

琼斯很快就指出，这跟对错好坏的价值判断没关系，而只是想要了解差异。"左上和左下这两个象限都是相当重要的意见，合情合理，而且极为必要。"遗憾的是，主流环保人士和环境正义社群过去存有不小的分歧。"他们各自有不同的意见。"

接着琼斯就带我们看图的右边，他称之为"解决场所"。右上方的象限中有各式各样的解决之道，人们越来越容易得到，包括有机食品、绿色时装、有益生态的化妆品、社会责任投资、瑜伽和其他健身操、油电混合动力车、太阳能等。琼斯说："这是相当重要的东西，我们希望有钱人投资那些帮助地球的公司、产品与制作流程。我们希望拥有可支配收入的消费者把钱花在这些产品上，所以那些全是好东西。"

琼斯希望我们把焦点摆在右下方的第四象限上，它代表了绿色经济和穷人的交汇处，并用一个大大的问号来表示。它的信息很明显：在经济阶梯中身处底层的人在绿色经济中有哪些机会？工作、可用的再生资源、买得起的有机农产品、可以参加的健身计划在哪里？如果要确保"清洁技术的浪潮能撑起每一艘船"，就像琼斯一针见血地说，"民间部门又有哪些机会与责任？"

琼斯提出了重要的论点。绿色经济和清洁科技革命的前景在于，它们能带来新一波的就业机会，而且从基层员工到高级主管，经济光谱的每个环节上都会有既多产又体面的工作。如阿波罗联盟（Apollo Alliance）之类的非营利团体已经把这点列为它们的宗旨。从 20 世纪 90 年代末起，接二连三的研究就告诉我们，太阳能与风力、清净运输和其他科技等市场的蓬勃发展，将创造出大量的工作。各市与各州已准备成为清净科技的重镇，并密切关注它的劳动发展潜能。代表低收入人群的组织则认为，靠近经济阶梯底部的人可以把绿色经济当作切入点。

因此，既然清洁技术和产业的绿化发展得如火如荼，那这些工作又在哪里？到目前为止，它们还没有出现，起码数量还不多。

其中有许多不同的原因。不管是业界的英国石油、奇异还是京瓷，清洁能源业的大多数大公司似乎不打算继续大举引进人才，而多半都是在内部设立清洁科技的事业部。公司的绿化多半也是如此，这跟效率有关，也就是以同样或较少的资源做更多的事，而其中就涵盖了人力资源。新兴的清洁科技公司很少大量引进人才，而且招收的人才往往是工程师和其他技术专家。此外，它们所创造的工作在地理上也很分散，这表示清洁科技公司很少有像硅谷那样扎实的群体可以聚集公司与扩大就业。因此，绿色工作虽然存在，像贾弗瑞公司（Pipper Jaffray）就表示，以 2007 年为例，光是美国大概就有 800 万份绿色工作，但巨大的机会潮还没有到来。

除了有钱人所拥有的机会，以及金字塔底层民众日益所受到的瞩目之外，下层社会的绿化似乎被人所遗忘。地球上有 40 亿人一天的可支配收入还不到 5 美元。金字塔底层逐渐为人所熟悉，以此为焦点的学术、商业和跨部门组织与行动也越来越多。《哈佛商业期刊》（Harvard Business Journal）、《策略管理评论》（Strategic Management Review）和其他思想领导刊物都探讨过这个主题。许多商学院的研究所对这个主题也有所涉及，如康奈尔大学（Cornell University）、哈佛大学（Harvard University）、密西根大学（University of Michigan），以及西班牙的那瓦拉大学（University of Navarra）。还有一些公司，如墨西哥水泥（CEMEX）、达能、印度利华（Hindustan Lever）、庄臣等公司都参与了金字塔底层计划。微软（Microsoft）的比尔·盖茨（Bill Gates）曾在达沃斯（Davos）的世界经济论坛（World Economic Forum）上对此予以赞扬。穆罕默德·尤努斯（Mohammad Forum）因为在这个主题上提出了开创性的意见，而赢得 2006 年的诺贝尔和平奖。

但下层阶级呢？他们不是最穷的人，而是发达世界的低收入阶层。为了帮忙打造出如琼斯所说的"为全人类而绿"的计划，第四象限的类似作为在哪里？工作、产品创新、新营业模式和企业参与在哪里？吸纳下层劳工的小企业和工作岗位在哪？针对绿色经济的工作所设计的在职业培训计划在哪里？都市里的生态创业家由谁来培养？带头的是哪些公司？它们的目的不是做善事，而是为了有机会设计及推出创新的新产品与新服务，以便替服务不周的市场降低绿色科技的成本，同时为大家带来环境与健康上的好处，有公司正在第三世界做这件事。那它们为什么不在第四象限有所为呢？

琼斯说：

在这个第四象限中，必须更加关注集体的解决之道，而且要更加关注低收入民众的工作、财富与健康。假如绿色经济没有锁定及纳入这些人，灰色经济就会出手。同样，假如绿色政治运动没有锁定及纳入这些人，污染就会出手。你不可能把整个人口统计类别直接省略掉。你不一定见得到这些人，但他们确实存在，而且会吃东西、消费，并影响到生态、经济与政治。

琼斯并没有明说，但明眼人都看得出来：我们同时需要这四个象限的人一起努力，才能成就绿色经济。

* * * * *

"绿色产业状况"和琼斯的四象限分析，核查了现实中产业绿化的各种乐观消息真实与否。久而久之，公司不仅会被问到做了哪些事来对抗气候变迁与其他的环境挑战，它们还会直接把其对环境的冲击与应对之道一五一十地揭露出来。它们实际上还会被问到："你们做得够好吗？假如所有的公司都照你们这样做，情况会改变吗？"

久了以后，公司还会发现，它们最好能够给出答案，并且如果有个好的答案，那就再好不过了。

第34章

贩售气候变迁

　　没有什么比公司对于气候变迁的应对之道更适合用来探讨"多好才算够好，以及多好才够"的问题了。第33章所提到的稳定楔子认为，应对气候变迁不是靠改变几件小事就能够解决的。我们企图阻止气候变迁所造成的最严重的冲击，而这很可能会把公司和社会的其他层面搞得一团糟，因为它需要大举改变我们的生活、工作、购物与玩乐方式。无法避免的是，其中有些行动会有效，有些会产生意想不到的效果，还有些可能无效或造成反效果。

　　成为"碳中立"公司的想法颇受瞩目。在这个年代，排放温室气体相当于是21世纪的大烟囱和水污染，所以"中立"的概念似乎是个值得追求的目标。而且有一大堆产品与服务出现，来协助公司与个人达到这个目标，其中有些只要开一张支票即可。由此衍生出了一个问题：不管意愿有多强，很少有公司或个人不改变现状就能有效解决本身对气候造成的冲击。当然，碳中立行业的某些人对此有不同的看法，这当中还有一个问题。

首先，来看一下这种情况：近来从学龄前儿童开始，差不多每个人都会背固体废弃物的"3R"：减少（Reduce）、重复使用（Reuse）、回收（Recycle）。有不计其数的网站和不止一首歌都在讲这个主题。

有许多人似乎不知道（或是忘了）的是，"3R"不仅巧妙地押了头韵，它还列出了先后次序。也就是说，在处理固体废弃物时，不管是家庭、企业还是社会，第一要务是"减少"，即减少需要丢弃的物品量（例如购买散装物品或包装比较少的物品，或者干脆少买一点）。然后就是尽量"重复使用"物品，以发挥它的最大的价值（修理、磨光或再配方）。最后，当你用了最少量的东西并尽可能地重复使用后，你应该要"回收"剩下的部分。

这是小事一桩，但大部分的人似乎只顾着把回收当作唯一的目标，而不管它明明就有三种选择。

在谈到气候变迁时，情况也是如此。

它虽然不像固体废弃物一样有巧妙押头韵的"3R"（我试过，但真的找不到），但也有先后次序。就像这样：

■ 在应对能源使用和气候冲击时，最重要的一件事就是减少所使用的能源总量，如购买节能的家电、灯泡、车子、电脑等，而且没有必要就尽量少用，对个人和企业来说都是一样。

■ 对于不可再生能源，次优的做法是尽可能多地使用可再生能源，如太阳能和风力，无论你是采用本地的公共事业方案、自行生产（比方说安装太阳能板），还是使用生物燃料来满足运输要求。

■ 最后，当你用了最少量的能源，以及尽可能高比例的可再生能源后，你应该要弥补使用非再生能源对气候所造成的冲击，那就是购买碳抵减权。

重点是什么？重点是虽然做了很多的回收工作，但有许许多多聪明的民众和公司却只想到把购买抵减权当成应对气候变迁冲击的主要策略，而无视于它只是第三种选择。从近来抵减权购买者所掀起的淘金热，就可以明显看出这点。现在几乎什么东西都可以抵减：住宅、生意、开车、度假，以及其他的物品与活动。你可以购买碳中立的飞机航程、参加碳中立的摇滚演唱会和会议、购买碳中立的汽油，并大体上过着碳中立的生活——花钱消灾，千张支票就可以搞定一切。

我们不是说这有什么不对（如果你真的以为在前两项节能与购买可再生资源上尽了全力），但假如是为浪费能源的产业购买抵减权，然后说这是负责任的做法，不就像是用健怡可乐配双层培根吉士堡，然后说："这是为了配合我的减重计划（只不过这里有人帮你喝掉健怡可乐）。"有个了不起的网站巧妙戳破了这一切虚伪的谎言，但我不想揭穿它，欢迎大家上网去看。

刚起步的碳市场已经出现自乱阵脚的现象。有一个很大的问题是，它缺乏共同的标准、认证或监控程序，也没有简单的方式可以评估，这些购买抵减权的公司到底有没有履行自己的承诺。有好几个组织立即出面填补这个空缺，并希望为混乱又零散的市场建立起一致性与确定性。同时，对于有意拿着支票来作为免除气候犯罪的主要手段的公司，活跃分子（和他们的媒体朋友）也准备对其加以谴责。

当然，同限碳经济带给公司的风险与机会相比，人们对购买抵减权所产生的意见简直微乎其微。限碳经济面临的风险起码有六种：管制风险（排放上限或碳税对公司盈亏的影响）、供应链风险（原料、能源受损或涨价，在许多情况下是因为这些东西运送的距离相当远）、诉讼风险（大量排碳的企业会受到官司的威胁，如香料、制药和石棉等行业所碰到的诉讼）、信誉风险（公司因为贩售或采用对气候有负面影响的产品、流程或作业，而被民意法庭判定有罪）、自然风险（干旱、洪水、风暴、海平面上升等的直接影响）。

金融业的银行、投资机构和保险公司在看待这些风险时，都日益感到忧心。雷曼兄弟（Lehman Brothers）在 2007 年的报告里就警告公司要是不赶紧有效应对自然与经济环境的变化，可能就会灭顶。报告中说："任何一家公司在未来几年是会生存下去并蒸蒸日上，还是会凋敝并走向死亡，公司适应气候变迁的脚步可能是另一个影响因素。"报告把气候变迁称为"构造因素"，这跟全球化和人口老龄化一样，它们会使经济逐渐产生变化，并"使资产价格出现周期性的剧烈波动"。

当然，气候将会分出赢家和输家。花旗集团（Citigroup）在 2007 年的报告中提到，有几十家公司已蓄势待发，要在受到气候限制的世界里做生意。"一定会有人贩售产品与服务来协助公司达成排放等目标，以防止它成为法律条文。公司觉察到民众要求它们解决环境问题，并给予了明确的回应。"谁的钱会变多？报告中列举了 12 家公司，从开拓重工（它生产了低排放量的货车柴油内燃机，用清洁的燃气轮机来发电，并拥有广大的零件回收与重制事业）、江森内控（Johnson Controls，《财富》五百强中最大的设备管理业者，专做便利设施与节能的服务）到马格纳国际（Magna International，制造重量级、强度高的车体零件，并能帮忙提高车子的燃料效能）不等。这绝非完整的名单。几乎任何一家再生能源公司都可能被纳入其中，更不用说是几十家专做节能、电网最佳化、废弃物管理和其他节约能源的公司。

领导公司的见解逐渐趋向于"碳管理"，也就是公司针对因为气候变迁而改变的产业面貌，在策略上加强管理风险并把握机会。比方说，碳管理会让公司把碳视为需要管理的营业指标，就跟其他任何指标一样，并因此考虑到能源和碳价格波动之类的事，以及后续主动出击的风险与报酬。在全面的碳管理方案中，公司要彻底去了解本身的碳状况，并评估风险和机会。接着它要详细描绘出全公司的温室气体排放量，并把焦点摆在能用最省钱的方式来减少排放的机会上。这样就能定出先后次序、行动计划与实行方式，然后重新再做一遍。

　　这些问题不会一下子就消失，而想要被视为气候领导者的公司最好去探讨一个更大的课题：除了"实行碳中立"之外，你还做了什么来应对你的气候足迹？由于缺乏碳管理策略，所以这个问题不会有满意的答案。这可能会削弱任何碳中立的诉求，甚至也许会招来你不想要的名声。

　　你也许无法像 Timberland 的首席执行官施瓦茨（Jeffrey Swartz）那样轻松过关。2006 年施瓦茨在爱挖苦人的美国电视节目《柯伯特报告》（The Colbert Report）中接受柯伯特（Steven Colbert）的访问。施瓦茨常年以来都是进步的企业领导人，并关心各种环境与社会议题。他向柯伯特解释了公司的碳中立行动。柯伯特回忆说："碳中立听起来很空泛，你应该要支持碳或反对碳才对。碳中立听起来跟瑞士一样。请把立场讲清楚！"

　　的确该把立场讲清楚，而且要确定理由充分。

第35章

"小尔玛" 经济

大型跨国企业实行绿色经济对许多人而言似乎是一种灾难。为了可持续经营，持续增进环境、社会与经济福利，企业必须趋向于地区化、小型化与个人化，才能把每个人与产品的源头、制造与营销连接起来。

舒曼（Michael Schuman）在 2006 年出版的《小尔玛革命》（Small-Mart Revolution）中曾提到此项观念。"小尔玛"指的是具有特色的地区型企业——提供许多可靠的好工作、促进经济成长、增进税收、改善社区福利、从事公益回馈、稳定社会以及拥有政治参与权的地区型企业。

舒曼在书中清楚地解释，"革命"指的"不只是对抗大型连锁店"。事实上，他要大家注意的是这个字眼所代表的意义，而非对抗的对象。他是支持盈利企业的，在某种情形下也包括大型盈利企业。他也赞成增加工作机会，以及某种程度的合理消费。

实际上，舒曼真正要对抗的是获取暴利的大型跨国企业以及对小型或区域型企业不利的法律与公共政策。哦，对了，这都是那些国际金融家促成的。愚蠢的资本主义！

舒曼不是第一个提出"当地是美的"概念的人。在工业化时代，社会大众已经在思考大型企业是否能有其他的代替方案（如果那个时代有大型企业的话）。美国有些团体，如当地生活经济企业联盟（Business Alliance for Local Living Economies）、全球交换机构（Global Exchange）、地区自助协会（The Institute for Local Self-Reliance）、美国合作社（Co-op Petrini），这几年积极推广"本土生活经济"。近来，"慢食文化"已席卷全球。1989 年意大利活跃分子彼得里尼（Carlo Petrini）提出这项运动，用以对抗"速食文化"。根据慢食主义网站，该活动的主要目标是为振兴消失已久的传统饮食文化，"重新唤醒大众，让大众有兴趣了解食物来源、味道以及食物选择如何影响我们的生活"。这项活动号召了世界各地，从中国台湾到土库曼的约 8 万名会员。慢食文化提出"自产自销"（Locavore）的概念。这个新名词在2005 年由旧金山一个自称为"厨房佣兵"的团体提出。它们认为，我们应该只吃居住地方圆百里种植的食物。21 世纪六七十年代兴起过一股回归大地的风潮，只是这次强调的不只是回归简单的生活，还有健康的生活。

舒曼在书中描绘了小型、地区化企业如何运作、如何成功。在"小尔玛国度"中，你的邻居有自己的事业，消费者愿意将更多的钱花在当地生产的、品质良好的产品与服务上，有多余的钱则是存在当地银行或信用合作社。当然，社区不会开倒车，只是吸引跨国企业到邻近地区开店。民众并非不欢迎自动化工厂、大型商店或跨国企业，如果这些公司能在都市区域划分、税收、学校教育、维护秩序等方面与地方企业尽到同样的义务，当然另当别论。

有时，我们说的"小尔玛"不全部是"很小型"的企业。舒曼以公开上市市值达 46 亿美元的贺喜巧克力（Hershey Chocolate Company）为例。通常，上市公司所有权不可能掌控在地方组织手中，然而当地慈善机构"贺喜信托"却掌握着这家糖果公司 77% 的股权。舒曼指出，贺喜信托就像宾州贺喜镇的神经中枢，控制着整个区域的经济命脉。

难道"小尔玛"可以取代"沃尔玛"吗？舒曼表示，近期内也许不可能，但以后很难说。他跟我说："我相信，过一阵子将出现其他形态的区域型企业。也许奉行小尔玛的商家会减少，对沃尔玛的影响也会跟着变小。这些商家无法摆脱沃尔玛的纠缠，或许我们也不愿意摆脱这种纠缠。终究，跨国企业的规模经济还是占优势。"

当然，沃尔玛成功的原因，关键在于完美的货品来源、售价、营销点等。这种规模经济与有效部署能产生正面效应，以至于沃尔玛的声势与影响力逐渐增加。在此之前，从没有一家企业的商品售价保持如此低廉。如果每个光临沃尔玛的人都买一个小型的持久型日光灯泡，沃尔玛估计，将可省下 30 亿美元的电费、500 亿吨的煤，并可减少浪费 10 亿个白炽灯泡。

当然，成千上万的小型商家如果能同心协力、相互合作，或使用相同的行销策略也能提供某种典范。舒曼描述美国"真价值"（True Value）五金零件公司与"王牌"（Ace）五金零件公司两家私人区域型的小型连锁店如何在营销与采购合作上形成优势。它们让区域型的五金零件商店集体采购，进而达成只有沃尔玛这种企业巨人才能做到的协议。

区域型商店也不完全具有优势，至少从环保观点来看确实如此。想想看百里饮食，"百里"这项标准近几年在拥护者之间已经成为一种共同的默契。百里饮食看似简单，背后却有其深远的意义，它代表的是食物从农场到你桌上的距离，当距离越远，这盘食物所造成的环境问题就越多，这是很直觉化的感受。运送食物的距离越远表示需要的能量与燃料越多，也就会排放越多的废气与废物。然而，有些人开始认为百里饮食的概念过于目光短浅，毕竟传送过程所造成的环境问题似乎有点微不足道。因此，纽西兰的农夫不愿喷洒太多的农药在农作物上（这会造成更严重的温室气体排放），并以放牧的方式让动物到草地上觅食、减少饲料喂养，至于家禽与乳制品很少会用到国外产品。一份 2006 年的调查指出，以乳制品来看，由纽西兰货船运至英国所需的燃料与排放的废气只有英国本土制造乳制品产生的废弃物的一半。同样地，《纽约时报》报导指出，由法国罗亚尔河谷送到纽约的葡萄酒所造成的碳排放量，比从加州那帕河谷送来的还要低，这是什么原因？葡萄酒从那帕河谷运到纽约是以卡车运送的，这是一种耗费能量的运输方式，而从罗亚尔河谷到纽约则是以船运送的，最后再以卡车进行短距离配送。

此发现的确具有重大意义，但我们也要自问：在全球化趋势下，本土企业应扮演何种角色才最理想？企业要如何平衡日渐成长的区域型商业模式（不管是基于爱国情操、环保意识还是个人安全等理由）与全球化的规模经济？套用现代环保用语，贵企业如何能既有国际观，同时也有本土化的行动呢？

贵公司是否也有"本土化"过程的故事呢？你们的顾客、员工或利益相关者是否想听这样的故事呢？

第36章

客厅里的大象

　　本章将探讨消费者购买欲望变小是否与近年盛行的绿色营销有关。减少或限制消费与营销的概念背道而驰，至少目前看来是如此，但那不是我们所乐见的。

　　我承认我多少得负点责任。20世纪80年代后期，我写了《绿色消费者》一书。我在书中提出改善地球环境恶化的先进概念：聪明、有选择性地购买，换言之，我们能以自己的购买行为改善环境。我写到，"谨慎选择产品不仅会对环境产生正面效应，生活品质也不会降低。这就是所谓的'绿色消费者'"。我接着提出：

　　从某种程度而言，做一个绿色消费者似乎有点自相矛盾。要真正爱护环境，你应该大量减少购买行为，包括食物、衣服、家电以及其他奢侈品，只维持基本生活开销。但在日益便利与消费导向的社会里，这种方式似乎不合时宜，没有人愿意回到不舒服且不方便的生活模式。

的确，没有人愿意过艰苦的生活，只有少数人愿意为了大地的母亲"地球"牺牲奉献。当然大家多少还是有改变，例如随手关电脑，使用省电灯泡与环保袋、购买环保车以及废物利用。这都是必要的行为，但还是不够。

可持续消费绝对比只是关心环境的行为更复杂，也更全球化。这与满足人类基本需求有关，也与心灵、道德有关，更与中国、印度等发展中国家对购买车子、家电、衣服、速食等生活用品与日俱增的欲望有关。牛津大学环境科学系教授梅尔斯（Norman Myers）表示，在20个发展中或发达国家约有10亿人口，这些人的消费能力已逐渐赶上美国。此外，可持续消费也与第三世界的消费不足有关。

所以要如何让地球上的企业承认客厅确实有只大象（也就是消费的可持续程度）？它们应该承认、接受吗？

这不容易，毕竟我们身处在商业的世界、消费的社会里。商业与消费存在于硬塞给我们的各种商业广告、产品信息中；存在于靠着大众永无止境的购买欲望才得以发展的各种企业、网站里；存在于以牺牲生态和人类需求为代价，发展不可持续经济的政客中，更与我们借钱生活、追赶名流的奢华文化如影随形。

然而，消费行为造成的环境影响事实上是隐而未见的。我们每天大约消耗120磅的生活用品，只是大部分的人无法直接看见从农场、森林、牧场、海洋、河川、矿场等各地采掘出来的天然资源是如何被制成产品的。举例来说，专家曾计算过，用来支持一名美国人一年所需的物资，其中包含无法再利用的水资源，重量高达100万磅；至于四口之家则大约为109辆卡车的载重量。但那100万磅的水资源被重复利用了吗？不全然如此，光是美国，每小时就有约300万个塑料瓶被丢弃。汽车制造业则需要大量的钢和铁。

《美国国家科学院院刊》（The Proceedings of the National Academy

of Sciences）的研究指出，平均每个人使用的水、森林、土地、能源等自然资源已经超出整个生态系统所能负荷的20%。生态学家表示，我们必须改变产品与服务的生产方式，才能让人类免于承受生态透支的风险，如果不想办法改变，人类的经济与环境将遭到史无前例的浩劫。

如果我们毫无节制地购买商品，一定会自食其果。几十年来，心理学家、社会学家与人类观察家已共同讨论、解析出消费与快乐之间的不平等（或许应该说是鸿沟）。看起来，消费并没有让我们产生更多安全感、自尊、价值、自我实现，或是任何马斯洛所言能成就健康个人、社区与社会的特质。美国人的消费能力比任何国家的人都要惊人，但我们还是不快乐。

假如购物能成就自己，事情就简单多了，但事情却非如此。许多文献指出，唯物主义与人类幸福感之间的关系是负面的。举例来说，目前在约克大学（York University）舒力克商学院（Schulich School of Business）教营销学的教授贝尔克（Russell Belk）在 1985 年的研究发现，物质主义者具有强烈的占有欲，他们宁愿自己拥有、保存这些东西，也不愿意租借或丢弃。他们吝啬、不愿意与其他人一同分享。此外，他们也总是认为邻居的东西比自己好，如果其他人拥有他们想要的东西，他们会郁郁寡欢。这些行为也会制造出受害者。物质主义者的生活方式会影响婚姻关系（在困难时刻，非物质主义者能保持较好的关系）与亲子关系（小孩的价值观深受父母的影响）。

我们之所以常常无力拒绝破坏力强大的营销信息，是因为从呱呱坠地开始，人类就是处于买、买、买的环境中。新闻记者韩恩（Thomas Hine）在他的畅销书《购物演化史》（I Want That）中指出，不管是新石器时代渴望获得湖泊的祖先，还是 21 世纪在购物网站上到处捡便宜的现代人，其购物的历程自古皆然，先发现、再选择、后花钱。他说，有 3/4 的美国婴儿从 6 个月大（有些是一出生）就开始逛街，最常去的地方是超级市场（很快的，他们知道这些商店里藏着很多好东西，并将买东西与父母画上等号）。不用多久，这些小婴儿就开始指着他们想要的东西，如早餐麦片、玩具、衣服等，且通常是不达目的决不罢休。

对于刚开始学会走路的小孩、青年人或快要成年的人，在市集或市场上选择物品的能力其实就是某种权利的表现。购物、血拼能让我们在无力的生活中重新获得掌控力。的确，韩恩表示，购物过程绝对比结果重要。他认为，购物"不仅可练习培养自己的完全责任感，更可从中获得完全的自由"。

其实我们并非真的要练习培养责任感或获得自由。当我们逛街时，理智常会被购物欲望湮没。韩恩表示，根据研究，约有36%的女性与18%的男性坦诚会买些不需要的东西。大概有1/4的女性说自己"无法抗拒大甩卖"，另外，约有1/3的女性则说逛街只是一种仪式。韩恩指出，逛街的人通常会"掉入各种陷阱"，被营销手段操控。

减少消费，听起来似乎是空谈。营销手法总是会以心理层面的费洛蒙吸引我们，让我们经不起诱惑。面对消费的商业机遇是什么？很少有公司会问这个问题，更不用说把它作为公司的策略之一。举例来说，巴塔哥尼亚户外用品公司在1993年秋天的商品目录中以专文讨论过这项议题。这家企业在进行环保产品审查后，公司负责人修纳（Yvon Chouinard）得出结论，"我们制造的每项产品都会产生污染"。因此，巴塔哥尼亚决定彻底改变："我们将限制巴塔哥尼亚在美国的成长，最终目标是完全停止成长。"在其最新的商品目录中，这家企业已经裁减了30%的服装生产线。修纳询问客户："这对你有什么影响吗？""嗯，去年秋天你们有五种滑雪裤可以选择，现在只剩下两种了。当然，这很不像美国人的作风。老实说，两种已经足够了，而且是我们看过的最棒的设计与材质。"

韩国起亚汽车公司（Kia）在英国推出Sedona车款，企图要造成自己与对手间的差异化。与当地汽车制造公司策略不同的是，在短途中，它们鼓励走路，而非开车。起亚主打"健走巴士"的概念，亦即"每天早上都会有专业的导护人员，安全、快速地护送学童队伍（或巴士）由家里走到学校"。

还是有一些契机的。耐克企业社会责任总监席文（Sarah Severn）表示，"我们都在讨论可持续消费，只是突然减少的销售让许多企业心慌意乱。减少销售并非唯一途径。消费不是唯一问题，这是天性使然"。问题在于大部分产品，包括耐克或其他品牌使用的材质，生命周期过短，这就是一种浪费。席文相信，能改善这种模式的企业必定能获得成功，进而达到环保专家所称的可持续消费。举例来说，如果耐克或其他厂商以再生资源、封闭式制造系统让鞋子材质可再回收利用，重新制造另一双新鞋，那"你们就会有再生的模式"，席文说，"要让资源获得充分运用的关键在于原料的输入，但仍需满足消费者求新求变的需求"。

席文解释：这可不是什么闹剧。已经有越来越多提倡回归自然的群众正热烈讨论可持续消费。位于日内瓦的"世界可持续发展委员会"（World Business Council on Sustainable Development）是一个全球性组织。几年前，它们召开峰会讨论如何让可持续消费的概念普及到世界的每个角落。此次会议主要想刺激如3M、英国电信（British Tele-com）、库尔斯啤酒、陶氏化学（Dow）、杜邦、飞雅特（Fiat）、通用汽车、强生集团（Johnson & Johnson）等与会企业认真思考这项议题。

可持续消费也渐渐成为大众的话题。举例来说，近年来，一群热爱穿勃肯鞋（Birkenstock）的消费者开始奉行自主节俭运动，这群人包括工作到精疲力竭、想远离繁忙生活的雅皮士。有些学校，甚至企业已经开设自主节俭运动的课程。此外，越来越多的人注意到他们所推行的"无消费日"（Buy Nothing Day 或 No Shop Day）。这个节日在十一月的最后一个星期五，希望大家能减少消费。少数企业被这个节日所提倡的反消费给整惨了。其实节俭不一定要反消费，只要在购物季节来临前，教育大众、提高大众的道德良知，并提醒他们：三思而后购物。

　　贵企业会害怕可持续消费（还是其他类似概念）成为大众讨论的话题吗？你们能告诉大众为什么吗？大家会相信吗？

　　在很大程度上，这正是绿色经济最终的策略，让消费者借由与贵公司做生意来减少自己对环境的影响。创造绿色产品或服务（毫无疑问是更好、更环保的选择）的机会是什么？造成破坏性（转变经济、商业模式与市场认知，让"绿化"的高价与不方便等障碍能因此获得解决）的机会是什么？创造出能解决顾客问题的产品（就是让顾客也能真正成为解决方案的一部分，借此满足其需求）的机会是什么？

第37章

巴塔哥尼亚 VS 大自然法则

如果不是大家对这个问题已经有所了解，要想解释绿色经济的现实情况确实不是件容易的事（我尽量不直接引用 Kermit 的原话）。另外，即使是善意而又缜密的策略也有可能会遭受到不明的破坏，并且这些破坏有时纯粹是大自然运行的结果。

几年前，户外运动用品生产者巴塔哥尼亚用某种棕榈果仁作为衬衫上的纽扣。这种果仁的外壳非常坚硬，又被称为"植物象牙"，主要生长在南美洲雨林中。经过切割、钻洞、磨平等一系列环节后，能变成非常特别的纽扣，和一般衣服上的塑料纽扣有很大的不同。一直以来，环保人士对植物象牙有一种深深的感激之情，由于它的经济价值，让雨林免受当地居民的砍伐，并且还保护了大象免受屠杀的命运，刺激了南美洲的经济发展。

巴塔哥尼亚对植物象牙也有一种深深的感激之情，因此它们做出如下声明：当雨林被看作是生命体，从而免于被夷为平地、牧地或是农田时，它同样也能够拥有经济生存力。

这项声明表明了巴塔哥尼亚的环境伦理。即使在发展前景不怎么被看好的情况下，这家私人企业一直以来还是致力于绿色创新。它是第一家采用100%有机棉的企业，它也是羊毛纤维的发明者。这种材料是由回收回来的汽水罐制作而成的，现在普遍用于户外运动服饰的制作。《财富》杂志更是将巴塔哥尼亚选为十大"绿色巨星"。创办人修纳（Yvon Chouinard）有句名言：在荒芜的星球上是没有生意可做的。

此外，它也是一家以激进式改革而闻名的企业。植物象牙纽扣只不过是其中的一项小改变而已。

在新产品发布前，巴塔哥尼亚进行了一连串的测试，称为"终极洗衣过程"，它们将衬衫放进洗衣机后，不停地洗涤、烘干、洗涤、烘干、洗涤……重复了50次，测试纽扣会不会因此从衣服上脱落。这件衬衫最终通过了测试，而巴塔哥尼亚也将这条生产线从小量试产转向了大批量生产。当然，它们卖得非常好，这件衬衫获得了极大的好评，并迅速声名远扬，但对于拥有大批忠实客户的巴塔哥尼亚来说，这样的结果并不让人意外。

然而，在几星期之后，它们开始接到退货，每件衬衫的纽扣都裂开了。成千上万的退货，原因都一样，纽扣裂开。

这到底是什么原因？原来巴塔哥尼亚的"终极洗衣过程"暗合了大自然背后的秘密。果仁在雨林中经过整晚倾盆大雨的冲洗，并且隔日早上又受到炙热无比的艳阳照射后，会自动裂开、蹦出种子，这就是它自然繁衍的过程。在日常生活中，洗衣服的过程并不是洗涤后马上就烘干的测试过程。有些妈妈晚上洗完衣服以后可能先去做其他的事情，比如看电视、上网或是照看小孩，第二天早上才将衣服烘干。

对于果仁而言，所有的变化都合情合理。晚上的冲洗等于雨林中"整夜的倾盆大雨"，第二天早上的烘干过程相当于"炙热无比的艳阳照射"，因此果仁也就自然而然地裂开了。

幸运的是，巴塔哥尼亚最后还是顺利地解决了这个问题。它们将替换的纽扣包寄给了客户，并附上了说明。对于那些有生态意识的顾客而言，这件事反而增加了他们对巴塔哥尼亚以及这件生态衬衫的认同。

果仁纽扣衬衫的故事给试图销售绿色产品或服务的企业上了极有意义的一课，同时也给它们提供了很好的经验教训。想要转型为绿色企业，就必须遵守政府的各项法律法规，包括《污染法》、《公平竞争法》、《反托拉斯法》等，也必须遵守市场的销售原则，包括供需平衡、价格弹性等。

最重要的是，必须遵守大自然的法则。

你得知道，即使是最坚硬的果仁，也有可能裂开。

曲棍球模式及其引爆点

从一些记者、企业主管、商学院学生、市场研究员和观众口中，我最常听到的问题是：绿色企业是种流行趋势吗，并且我们已经引爆了这个趋势吗？

很明显，答案都为"不"。

他们之所以会有这些疑惑是可以理解的。原本默默无闻的绿色企业突然占据了各大杂志的封面，更不用说里面大幅对其的报道了。企业与环境问题的故事以前只是偶尔会出现在《纽约时报》、《华尔街日报》、《金融时报》（Financial Times）等媒体上，现在却成为每天茶余饭后必谈的话题，许多报纸甚至一天之内会出现多篇性质相同的新闻、特写以及社论。《华尔街日报》与《财富》杂志这两大出版集团在 2008 年共同举办了一场大型的研讨会，这场研讨会的最大特色在于报告的人都是各大企业的领导者，包括戴尔电脑、陶氏化学、杜克能源（Duke Energy）、奇异以及沃尔玛。很明显，这和以往的商业聚会有点不同。

对于那些花了十几、二十年的时间致力于该领域的人来说，这是个长久而又缓慢的革命。然而，对于最近才发现大型企业绿化的人来说，这一切又来的太突然了。正因为如此，他们才会产生疑问：绿色经济来得快，消失得也快吗？

这个问题很难回答。

品质运动就是一个很好的例证。由美国统计学家戴明推行的全面品质管理（Total Quality Management，TQM）在 20 世纪 80 年代晚期、90 年代早期形成了一股热潮。书籍、杂志、研讨会，还有数不清的专家巡回演讲，以此宣传全面品质管理的重要性，以及其他的业务操作。但全面品质管理还是不可避免地走向了衰退。

当全面品质管理逐渐衰落的时候，商业界又开始将目光转向了其他的地方，但"品质"这个概念却并没有因此消失；企业也没有回到那种老旧而又无效率的管理中。品质也开始成为组织的一部分，并且以另外一种形式出现，例如六标准差、精良制作工艺、及时存货管理等管理流程与策略。

企业的绿化也是如此。当然，有些绿色企业或产品可能会失败或者不受市场欢迎，但这 概念的核心，比如能源效率、废物利用、污染预防、供应链管理、环境报告等都会以某种形式继续保留。因此，各种各样的创新，如绿色化学、有机材料、自然设计、再生产品等都将逐渐影响市场。一旦绿色热潮冷却之后，这些理念还是会继续存在。

一旦那些由于社会过多的关注以及媒体表面的需求而被炒作起来的问题逐渐降温之后，关于这些问题的报道就会大幅减少，绿色企业就是一例。当然，出现这种现象也可能是由其他原因引起的。从表面来看，大众会认为企业绿化只不过是一时兴起的风潮，现在已经逐渐失去了它的光环。甚至在某些人看来，这一切都只是噱头。从更广的范围来看，现在只有一则报道提到了"泡沫化"，但我希望这个问题最终能够推翻媒体所下的结论。

无论企业媒体的看法如何，企业绿化也不会如此快速消失。不管媒体的关注会持续多久，以下是 10 项我认为企业未来会持续进行绿化的原因：

1. 问题还没得到改善。如果你长期关注环境问题，那么你一定清楚地知道，环境的改变会迅速影响气候，企业端也会产生同步的改变。气候俨然成了一种号召，让拥有不同动机的团体产生相同的目标。企业在降低风险与增进自身形象的同时，追求的就是尽可能地提高营运效能。只是在气候没有得到控制之前，企业就会花大量的时间和精力在这个问题上。近年来，法规条例与营销手段也逐渐重视气候问题。当然，不只是气候，其他如水资源的获得、产品原料是否有毒以及近来出现的用电浪费都将继续困扰着企业与社会。

2. 政治力量最终会介入进来。我再一次强调，气候是主要原因。各国的政治领导人对这个议题的关注只会逐渐升温，而不可能自然地消失。当政治关注度提高时，大家就会预期到企业的游说者如何向政府施压以得到一定的优惠待遇；另外，也能看到有些企业是否只是打着绿化的旗号，表面上共同合作，实际上却背道而驰，换句话说，就是活跃分子所称的"漂绿"。假设群众因气候改变这一问题而走上街头，很多政客一定会抢着站在队伍的前列。企业最后或许会发现，金钱已经不足以解决问题，甚至也无法收买政客了。

3. 消费者的觉醒。当然，这还有待观察，但越来越多的迹象表明，大众将会更加理智地消费，从而选择绿色产品，或者购买由绿色企业制造的产品。有件事是很确定的：各大品牌，包括那些以前从未接触过这一块的知名企业都将推出绿色产品。未来的几年，绿色产品将会稳定地成长，有可能成为席卷市场的一股旋风。

4. 环境成为信托机构重视的问题。越来越多的银行、保险公司、再保险公司、投资公司等金融机构越来越关注气候改变、有毒物质、水资源匮乏等环境问题对各大企业的股价有何影响。利益关系人，尤其是退休基金与大型基金的投资者开始督促企业承认并减少投资者在这些领域所承担的风险。

5. 供应链的改变。沃尔玛是一大因素，因为它正催促6万多家供应商做出彻底的改变，然而这并非易事。各种产品的企业采购正向上游厂商寻求解决方案，要求供应商减少包装、淘汰有问题的材料、使用有机材质或者采用其他方式让企业的产品与经营更加环保。这是促使市场迈向绿色进程的捷径，比大众消费者或活跃分子的抗争更为有效。

6. 好，还是更好。由于缺乏相应的标准，因此我们无法回答"到底要好到什么样的程度才能称之为好"，从另一个方面来说，缺乏清晰的定义也有某种好处。正因为缺乏标准，因此要求越来越高，这就是目前的状况。举例来说，当越来越多的企业以某种程度的"碳中立"作为产品优势时，运用这一优势作为营销手段的价值就会降低。一旦标准提高后，那些进度落后的企业，或者那些只是遵守法规的企业，也许都会发现自己的信誉越来越低。

7. 可持续的消费只是企业经营的最低门槛。指标不断攀升代表业界的标准也越来越高，因此企业就得持续创新。如果几年内可持续的消费不再是企业领导者的目标，我也不会觉得很意外。真正的领导者会将眼光放在健康的消费上。举例来说，企业追求的不仅仅是"碳中立"，而是在制造过程中减少更多的碳排放量。

8. 企业将昭告大众自己的绿化行为。如同我之前提到过的，谦卑不再是一种资产。但这并不表示企业就得开始自吹自擂，尤其是企业自身都无法得知这样的自夸是否能够为它们带来加分；只不过闭门造车也并非现代企业的做法。不论是一般的消费者还是企业用户，他们期待的是绿化英雄，并且也始终相信那些绿化做得比较好的企业。默默谨守着绿化概念的企业或许能远离批评，但与什么都不说相比，将自己的所作所为极端地暴露在大众们的面前反而能够获得较多的正面评价。我们可以预测，在未来的几个月或者几年内，绿色产品的广告与营销手段将如雨后春笋般出现在大众的面前。

9. 绿色科技将改变游戏规则。绿色科技的崛起让企业在制造与生产产品时，能以成本较低而又简单的方式采用再生能源、有机或轻薄材料以及含毒量较少的元素。这些拥有广大前景的科技目前还处于萌芽阶段，不过一旦投入大量生产，不论是新创立的公司还是大型企业，都会创造出崭新的绿色商业契机。

10. 还有未开发的金矿。强调环保概念逐渐会被视为一种附加的价值观，而并不是单纯减少成本的行为。因此，当那些具有前瞻思维的企业家（与员工）定义并开发出新的生产方式，并将绿色思维注入到产品和市场上的时候，绿色企业的领导者就犹如企业的明日之星。当成功的故事并不是仅局限于汽车与有机食物产业，而是涵盖了多样化的产品与服务时，绿化终将成为市场上一种很习以为常的过程。

世事难料。猛烈的飓风、海啸、恐怖袭击、油田爆炸、独裁国家的不稳定、核能灾害、热浪来袭、流行性的疾病爆发、冰山融化等重大灾难都会重新理清私人企业的角色与责任，让绿化再次回到镁光灯下。

我再次强调，媒体以及每个人都可能"挖掘"出企业的绿化过程。

* * * * *

那么我们已经引爆这个趋势了吗？所有绿色企业的行动都显示我们已经达到某个目标了吗？

还不是很接近。

先换个话题好了。葛拉威尔（Malcolm Gladwell）在他 2000 年的畅销书《引爆趋势》（The Tipping Point）中提出了这个名词。葛拉威尔解释说："有时候，概念、观念、行为、信息或产品会像突然爆发的传染病。这就是所谓的社会风潮。"

他继续解释说："人类总是期望改变是持续而又缓慢的，同时也希望改变有其原因。当事情没有遵照这项原则时，如纽约犯罪率突然没有原因地大幅下降、小成本制作的电影十分卖座，我们会感到非常意外。我要说的是，在这些情况下，我们一定要保持镇定。这是社会风潮引起的现象。"

葛拉威尔告诉我们，引爆点就像是病毒达到某个临界值，即将爆发流行病的时刻。

这里的病毒指的是绿色经济，但还未达到临界值。以可持续消费概念作为核心概念的大型企业还是少数，全球大概不超过 500 家。但的确，有更多的企业已经注意到了这一点，也开始问问题，诸如"我们的绿色策略是什么？"这可是一个很大的转变。

针对上述问题，大部分企业的做法通常是列出计划，而不是拟定策略；换句话说，它们可能这里改变一点，那里又改变一点，或者偶尔、随机地进行绿化，大部分流程还是一如既往。

全球的中小型企业（这里指的是少于 100 名员工的企业）中，大约有 98% 的中小型企业根本不接触这个领域。看看四周，你会发现本土的企业实际上并没有太大的改变。干洗业、修车业、零件制造业、金属制造业、印刷业等各行各业的很人还是没有参与到这段对话中。还有很多人根本不知道绿化是什么东西。

我不是说这些绿色企业一直都在墨守成规。如同我之前提到过的，近几年企业对这方面的兴趣与关注度已经提高了很多，只是兴趣与关注度无法形成引爆点。

企业家与资本家通常使用曲棍球棒曲线来比喻企业的快速成长历程。球棒前端是平缓的曲线，到球棒底部突然笔直向上弯曲，然后延伸至握柄处，这样的曲线是企业与投资者所期望的，即企业早期以缓慢、平稳的速度成长，到某个点突然指数式地向上攀升。这个时点通常是企业公开上市或拿到大量订单的时候。

那么绿色经济现在处于曲棍球曲线的哪个位置呢？我们目前还在球棒底部，离握柄处还有一大段距离；换句话说，我们还有很大的成长空间。

生态地图——地球正义组织在环境价值观上的发现

卡拉·派克

大部分美国人都说自己关心环境。但无论是购物、开车、投票还是投资，他们往往都是说一套做一套。

要解释这种对生态的关心与实际行动之间存在的差异，就必须考虑到塑造意见与行为的社会价值观。社会价值观是在人的青少年时期，由家庭、社会网络、教会或学校之类的机构帮助形成的，凌驾于道德与宗教价值观之上。它展现了我们所认为的理想世界样貌，而且从政治意见到消费行为几乎都会受它的影响。

为了找出是哪些社会价值观塑造了美国人对环境的态度，美国最大的公益环境法律事务所——地球正义组织（Earthjustice）画出了这份生态路线图。生态路线图是其所做过的最大的区隔研究之一，其中显示了将美国人归类为具有 10 种不同环境世界观的可能方式。对于某人是否已经或是愿意为环保付出实际行动，这些世界观的影响力比种族、性别或年龄之类的人口统计影响因素还大。举例来说，25岁的拉丁裔男性对世界的看法和处于同一群体中的55岁白人女性可能会十分接近，但和另一群体里25岁的拉丁裔男性的看法可能会截然不同。

生态路线图以"美国人价值观调查（American Values Survey）"所收集到的资料为依据，该调查来源于环境学调查（Environics）位于奥克兰的子公司——美国环境学调查（American Environics）。这家位于加拿大的民意调查机构在20世纪80年代制定了研究方法。通过900个问题，抽取1 900位受访者作为调查样本，这项全国调查关乎130多个价值观取向，比如关注生态、民间参与和日常事项。将调查结果进行分析后，就可以归纳出这些社会价值观是如何建立并彼此关联的，而且还可以探究它们如何随着时间而演变。地理和人口统计资料也会纳入进来，以便分辨并找出那些具有特定世界观的人。

国籍、地理和文化有助于塑造价值，因此参与调查的20个国家的人全都拥有独一无二的社会价值观。从环境学调查于1992年开始追踪美国的社会价值观以来，美国文化逐渐从实现转变为生存。这一点和发达国家一般会发生的情况正好相反。以加拿大为例，它的文化就是走向实现的价值，以及较大的容忍与弹性。但对于绝大多数的美国人来说，由于经济、医疗保健和恐怖主义所引发的不安全感与日俱增，因此他们便转向了生存模式，并由此导致了"关注生态"这一价值观在他们的优先顺序表上排名偏低。

有一群美国人始终秉持着强烈的"关注生态"的社会价值观，他们所占的比例为23%。而且他们比以往更加投入。但他们的价值观并不是一成不变的。路线图有一个重要的发现是：环保的方式不止一种。

就以三个对环境最友善的美国民众群体为例。"最环保的美国人（Greenest Americans）"一直想要保护野地和生物的多样性，因此在政治上也是最活跃的。对"后现代的理想派（Postmodern Idealists）"来说，环保侧重于绿色生活以及无车、低能源城市的建立。对于最大的民众群体——"有同情心的照顾者（Compassionate Caretakers）"而言，他们最关注的还是地方社区的问题，因为他们想要干净的户外场所来从事家庭和社区的休闲活动。

在环境光谱中属于中间的三群人并没有花大量时间担心环境问题，可是他们也不会反对环保。"自豪的传统派（Proud Traditionalists）"相信责任和义务，但他们头脑中那种人定胜天的观念却经常和所有物种都很重要并且也值得保护的观念相冲突。"受驱使的独立派（Driven Independence）"主要还是关心自己，只有在环境的改善对自己有利时才会真正在乎它。然而，"隐晦的中间派（Murky Middles）"却没有任何强烈的价值取向，他们更多的是选择随波逐流。

对剩下的四群人而言，任何环境倾向往往都没有日常的现实情况和优先顺序那么重要。"不顾环境者"（Ungreens）往往把环保看作是敌对分子，并且还认为如果想要维持美国人一如既往的生活方式，环境的恶化就不可避免。"反权威的物质主义者（Antiauthoritarian Materialists）"是所有的人里面最年轻的一群人，他们觉得生活本没有什么意义，因此一切都只会为自己着想。然而，几乎同样年轻的"举棋不定的宿命论者（Borderline Fatalists）"可能还会关注环境问题，但却不知道如何改变现状。最后一群"残酷的世人（Cruel Worlders）"由于被美国梦所遗弃，并且心怀恨意，所以丝毫也不会在乎环境。

地球正义组织一直运用这份路线图制定策略规划，并发起新的诉讼行动，以此扩大环保的公共支持力度。对营利性的策略制定人员和营销人员来说，这份路线图是锁定对象的工具；只要强调共同的社会价值观，就可以制定出让绝大多数美国人产生共鸣的策略。

除了——介绍十种环境世界观之外，接下来我将把重点放在分析与解决几个重要的问题之上，包括：你要怎么去改变那些信仰已经发生变化的人？美国的年轻人要怎样才能成为下一个大型的绿色市场？

气候变迁对绿色企业所导致的冲击其广泛性和持久性有多大？

为了应对日益严峻的挑战，在必须采取的行动中，激励民众实践自己的生态价值观是一个重要的环节。在分享这方面的信息时，我希望企业领导人能够利用它来成功打造出新的绿色经济。

←——— 10 种环境世界观 ———→

10 种环境世界观的具体信息请参考表 A—1。

表 A—1   10 种环境世界观

群体	占美国人口比例（%）	世界观简介
最环保的美国人	9	一切都息息相关，我们的日常行为都会对环境造成冲击
不顾环境者	3	为了维持美国的繁荣，环境恶化和污染不可避免
有同情心的照顾者	24	健全的家庭需要健全的环境
自豪的传统派	20	在人类比自然优先的世界中，行动由宗教与道德支配
隐晦的中间派	17	对大部分的事物漠不关心，包括环境在内
反权威的物质主义者	7	在保护环境方面做不了什么事，所以干脆一起破坏
受驱使的独立派	7	保护地球是好事，只要它对成功无碍
残酷的世人	6	怨恨和孤立使关注环境没有生存的空间
举棋不定的宿命论者	5	对地球的担忧比不上每天要满足的物质与地位需求
后现代的理想派	3	绿色生活方式是新生活方式的一部分

资料来源：生态路线图。

←——— **最环保的美国人** ———→

假如你能证明，他们就会买单。

对 9% 的美国人来说，"关注生态"这一社会价值观对他们世界观的影响程度比其他任何社会价值观都要大。这群人主要是年纪较长、受教育程度较高的白种美国人，并且是最佳绿色产品的最佳市场。

最环保的美国人投票意愿很高，他们会经常看看报纸，并且也相当关注政治。然而，这并不说明在谈到关注生态这一社会价值观时，他们在政治上都会很活跃。对最环保的美国人来说，环境价值观主要是通过日常生活和购买选择来实现的。对环保倡议组织来说，这并不是什么重大的信息，但对供应绿色产品和服务的公司来说，这却是一个商机。

最环保的美国人认为，要尽可能地做那些能够降低自己对环境产生冲击的行为。他们会购买环保的清洁用品、热衷于资源的回收利用，在买车子或者家庭装修之类的大东西时，会把环保产品作为优先选择的对象。这些日常的举动已经成为了他们道德观的一部分——投身环保行动只是自己做了自己应该做的事。这种环保观念的产生和美国人关注自己的健康与福祉的传统息息相关，并且也因此形成了一种积极的生活方式，以及对另类与全方位式的健康医疗的追求。

这些人的收入可以支持他们环保的生活方式。有 1/3 的美国人拥有的家庭财产超过了 10 万美元。另外，最环保的美国人也是唯一一群高度重视良心消费的人，他们重视购买背后的伦理与社会责任。对环保做出实际行动是这个富裕群体的公众成员得以展现其地位的方式，而不是纯粹因为买得起才消费。

最环保的美国人或许对环保很投入，但却并不天真。他们也不认为选择绿色产品就能完全解决环保问题。虽然不相信政治人物和官僚体系，但这些进步的美国人还是倾向于认为，政府应该推动大规模的政治改革来应对气候变迁和其他的一些问题。该群体的成员认为对环保产品的购买习惯是支持环保最直接的方式,并以此向政府和企业领导人表明他们的环保信仰是什么,以及他们所希望的替代做法又是什么。

然而除了有意识地用钱来投票之外,最环保的美国人似乎并没有什么其他的渠道可以得知自己对绿色产品的购买有没有带来什么变化(除非这些变化可以被直接体验,比如那些不会灼伤眼睛的无毒清洁剂,还有那些比传统方式种植的食品更好吃的有机农产品)。

在我们尝试接触最环保的美国人时,要记住的是,他们也会研究我们的绿色选择。他们对广告的质疑是一般美国人的四倍以上,而且对品牌也不太在意。因此,他们对销售手段一般并不会完全认同。这些人会深入思考环保问题,并了解它们的复杂程度以及和其他问题的关系。他们不但想知道产品的有机成分,而且还想知道它的运输路程、制造时的能源利用量,以及生产时的劳动条件。健康诉求都要经过研究与证明。

他们对证据的要求既是为了自己,也是为了别人。最环保的美国人不可能去购买贴满大型公司商标的产品,他们真正想要的是那些能够有利于他们受到注视,并能凸显出绿色特点的产品,比如车上的油电混合标志或生态柴油贴纸。

最后要注意的一点是,尽管他们关心生态环境,但却连他们自己都不认为自己是坚定的环保分子。大肆宣扬或者极尽夸张的营销手段在最环保的美国人面前可能并没有多大效果。假如你的产品和传统产品一样有用的话,那就必须陈述你的产品所具有的环保优势,并提出具体的证据,这样最环保的美国人可能就会尝试着购买你的产品。

←—— 不顾环境的人——与不屑于环保的人比较 ——→

不顾环境的人是指那些所秉持的世界观和最环保的美国人差距最

大的一群人。那些居住在乡村、政治倾向保守的美国人觉得：环境恶
化是经济繁荣发展不可避免的一部分。在所有的群体中，他们关注生
态环境的程度最弱。然而，在调查他们是否认为自己是环保分子时，
他们把自己列在量表最底部的比例比一般大众高了 13 倍。

好消息是，只有 3% 的美国人是不顾环境的人，其他人都会对环
保有一定的关心。这些不顾环境的人尽管在整体中所占的比例较小，
但却具有较大的政治与经济影响力。96% 的不顾环境的人认为自己比
较保守，这个比例比其他任何一组的比例多了 1 倍以上。在这个群体
中，绝大多数的人都拥有较高的收入、投票意愿也比较高，并且也表
示自己经常关注政治与政府方面的信息。

虽然他们在很多方面（种族主义、宗教、对美国的自豪感）和最
环保的美国人相差非常大，但不顾环境的人还是会对一些和关注环境
有关的活动比较感兴趣。他们对打猎的兴趣要比其他任何一组调查对
象都高，并且还热衷于户外休闲运动，比如散步、骑脚踏车和冲浪。
因此，在不顾环境的人中还是存在一定市场潜力的，尤其是户外产品。

问题的关键在于，对不顾环境的人销售这些产品时，不能简单套
用那些针对比较关注生态的休闲人士所采取的销售手段。"良心消费"
是不顾环境的人认为最不重要的价值观之一，他们的购买动机主要源
于物质带给他们的成就感与地位的优越感。加上他们的宿命论与保守
的政治倾向，这意味着把世界变得更美好的口号对他们起不了多大的
作用。不过，在销售户外产品时，对这些不顾环境的人强调义务、传
统以及对美国的自豪感这些观念还是有用的。

绿色产品销售人员的另一个机会在于这群人对于全方位健康的强
烈兴趣，运用好这一点能够带来意想不到的效果，而这或许会让人感
到非常意外。事实上，他们和最环保的美国人一样，将这一点看作是
最重要的价值观。不顾环境的人往往会花一定的时间和精力用于顾及
自己的健康，并且只有当他们对外表产生自信时，他们才会觉得自己

更棒。只要健康仍然是大众关注的焦点，销售天然健康产品的好机会就会依然存在，而不用去在乎什么政治与环保问题。

如果是大公司，那就更好了。在品牌重要性和对大企业的信心上，不顾环境的人所秉持的价值观强度是一般美国人的两倍。这表明他们一般很重视品牌，对产品也会有所偏好，并且也会把好品质与好服务与大公司画上等号。他们比较相信民间部门应对社会与经济问题的能力，却不太相信政府的作用。相关的营销信息要以美国的伟大之处为重点，比如美国的巧思以及靠创新来解决问题的能力，这些信息对不顾环境的人可能会有用。

只是千万要避免让这群人觉得自己在做环保。

⟵ 后现代的理想派——连接下一代 ⟶

后现代的理想派是绿色产品与服务的坚定消费群。这些年轻的独立思考者占了美国人口的3%。其中有79%在44岁以下，并拥有较高的收入。他们所秉持的生态价值观强度是一般人的两倍。

他们对环保虽然有很高的兴趣，但只有最环保的美国人的一半。这说明对这群人需要加以区别。对后现代的理想派来说，关注环境只是他们世界观的一部分。他们比任何一组人更热爱户外活动，如徒步和骑脚踏车，但在环保问题上，他们是以个人为出发点的，所以他们对于改用能源替代解决方案的关心并不亚于对保护大自然的关心。

虽然不如其他年轻群体多元化，但后现代的理想派所秉持的"种族融合"价值观比其他各组都强。他们相信多元种族能丰富人类的生活。因此，他们不但想知道产品与服务对环境的冲击，还想知道公司的劳动与人事条件，如公司是否视工如亲，或是否有对同性恋友好的工作环境。

与最环保的美国人不同的是，后现代的理想派在"自由群体主义"上的价值观强度偏低。这个信仰是指，他们在思考生活时也想到别人，而不是只想到自己。他们所认同的价值观像是"不受羁绊的个人主义"，也就是认为个体应该有权决定自己的生活。这些人是亲力亲为的环保人士，他们通常直接参与自己所关心的问题，如用环保材料来装修房子，以及用生物柴油来开车。

这个群体在"信任"的价值上偏低，这表示他们虽然对环保问题和选择绿色事物很热心，但后现代的理想派不太相信政府与企业。他们想要知道绿色产品的诉求是否为真，但并不相信自己在主流媒体中所找到的答案。相反，这组成员会花很多时间上网浏览博客，并跟朋友交换意见。在他们看来，小型的社会团体与组织比大的要好，而且信任同伴是应该的。

后现代的理想派会寻求"意义"所在，并想要为自己界定这个意义。他们在"文化采样"和"宗教单点"的价值上比其他任何一个群体都高，这表明他们能包容其他的文化与宗教，并习惯把各式各样的文化影响和精神实践纳入自身的生活。

这群人最强烈的价值观是"热衷新科技"和"追求强度"。这反映了他们的年轻。跟最环保的美国人不同的是，他们着迷于科技，以及它所提供的可能性，并乐于发掘最新的产品与创新。所以他们自然就成了另类与节能产品的市场。后现代的理想派也比较容易受到自身的情绪而不是理性与意识形态的引导。他们拥有"对不明原因感兴趣"的强烈价值观，也就是不认为所有的知识都必须符合理性或科学。他们虽然接受绿色选择的观点，但对环境并不像最环保的美国人那样理性，而是比较情绪化。

不要因为这个群体人数比较少而不争取他们。尽管心存疑虑，但在某些情况下正是因为如此，后现代的理想派才会尝试带来改变。这群人中超过1/4的人是学生，所以他们的收入很有可能会随时间增加。因此，不妨试着趁现在争取这些人，因为假如你这么做，或许就能一辈子受到他们的青睐。

←── 有同情心的照顾者──下一个绿色市场 ──→

这个群体对于关心环保的公司来说是个重大的机会。有同情心的照顾者关心环境，而且为数众多，占了所有美国人的1/4。可是这些以家庭为重的人生活繁忙，对金钱与时间的要求也很高。

有同情心的照顾者有3/5是女性，1/4是非洲裔美国人，而且收入大多处于中等水平。他们对"社会连接"有强烈的感受，并且积极参与社团，如担任童子军领袖、教会义工和家长会的母亲。他们是有教养的、心胸开阔的人，并相信人人都应该有自己的机会。他们最强烈的价值观是"有弹性的家庭"，也就是接受另类的家庭形式，从同居到单亲家庭不等。他们其次的价值观则是"没有人是本来就高人一等"和"团体平等"，也就是认为社会不应该有某个群体的权利多于其他人。

"关注生态"和"良心消费"也是其强烈的价值观。但有同情心的照顾者并没有强烈认为自己是环保人士，也不像最环保的美国人和后现代的理想派一样关注政治与投入。对他们而言，保护环境意味着要确保有安全并且健康的地方可以让家人相处，如干净的城市公园和容易从事的户外休闲活动。这组成员拥有强烈的"用脑与开放"价值观，并抛弃了保护环境就等于失业的概念。相反，他们认为实行环保有很好的机会，还可以创造就业，并提升社区的生活品质。

他们想要在日常生活中多做点事，有同情心的照顾者尽管十分关心气候变化，但并不相信自己有能力选择比较环保的东西，并且这些美国人更担心能源成本的上涨，并把它视为更迫切的国内重点问题。

而且他们也不一定有时间去实现他们的价值。有同情心的照顾者会觉得左右为难，因为一边是购买日常用品的方便性，一边是生产产品时所需要的能源和制造出来的废弃物。他们希望"绿色选项"广为存在，并融入生活，这样他们就不必大费周折地去寻找。

假如你能引起他们注意，有同情心的照顾者就会对有关儿童、家庭与健康问题的绿色信息产生共鸣。由于这组成员跟社区的关系密切，因此公司可能会希望通过跟公益事业有关的促销，把自己的产品和当地的活动联系起来。这些合作需要真正投入时间与资源，因为这些政治温和派多半会追踪后续信息，并留意出现了哪些变化。

即使行程匆忙，假如有品质不错的绿色产品可以买，而且在他们曾经光顾的店里就有卖的，有同情心的照顾者将会是下一个绿色市场之一，而且会是很大的市场。

←━━ 反权威的物质主义者——冷漠与美国年轻人文化 ━━→

反权威的物质主义者比其他任何一群人都年轻得多，并认为这个世界是最糟糕的地方，每个人都是自扫门前雪。这些人占了 7% 的美国人口，低薪工人会为了成功而不择手段。

反权威的物质主义者也会把任性的态度带到政治与公民生活中。他们的投票意愿比其他任何一群人都低，不关心环境问题，并对公民生活冷漠。事实上，他们所持的价值观叫做"生态宿命论"，也就是相信一定程度的污染在所难免，并且强烈程度是一般人的 3 倍以上。"社会孤立"是他们高度持有的另一项价值观，这显示出他们觉得自己跟别人有多不相干，而且多半也不想有所牵连。

他们最在乎的似乎是物质。"残酷的物质主义"很注重积累物质财产，并且是他们最强烈的价值观之一。他们不但想要得到东西，还想要拿它来炫耀。反权威的物质主义者所保持的价值观是"阔绰消费"，也就是渴望靠象征财富的物品来引人注目，而且表现得比大部分的人都要强烈。

这是他们注重物质的一面，而这也使他们跟比较环保的人群有所区别。可是像"排斥权威"这样的价值观却透露出，他们跟最环保的美国人及后现代的理想派有少数的相同之处；尽管这种排斥很粗糙，并使人只是观望，而不参与改革。绿色的产品、服务与宣传只要对他们有诱惑并质疑权威，就有机会吸引到反权威的物质主义者。

这群人也跟比较环保的群体一样，保持着"慷慨施惠"的价值观，也就是相信社会上的"有钱人"有义务帮助那些比较不幸的人或是有义务让大家有福同享。这个信仰可以被善加利用，方法是把绿色产品与服务跟关注生态并且在反权威的价值观上有一些共同之处的年轻名人联系起来。

假如你想接触他们，那就要用网络，因为反权威的物质主义者中有71%的人会上 YouTube 看电影，有57%的人有自己的博客。此外，由于他们对新科技有浓厚的兴趣，因此以高科技为诉求的绿色产品可能会受到青睐。

反权威的物质主义者几乎有1/4都是学生。首先，这意味着这群人的收入可能会随着时间而增加。更重要的是，这可能意味着他们不会永远属于这群人。虽然人到了18岁以后，大部分的价值观就会成形，但经验也会影响到世界观，教育就是一个例子。可以预见的是，这个群体的某些成员可能会转型为后现代的理想派，并成为环保产品与服务的固定消费者。

←——— 举棋不定的宿命论者——有绿色潜力？ ———→

它或许告诉我们这样一个道理，对购买有机产品最有兴趣的人群往往是最买不起有机产品的人。有5%的民众属于举棋不定的宿命论者，而且他们的反应很强烈，以至于在各项社会价值观的排名中不是非常高就是非常低。他们是不是绿色产品与服务的理想潜在市场，这点还有待于观察。

生活对举棋不定的宿命论者来说并不容易。他们一般比较年轻、收入低、不是白人、住在城市里，并且有超过1/3的人失业。这群人通常很悲观，并且看不到自己生活有什么意义。他们希望情况变得更好，但却觉得自己无法带来多大的改变。这也解释了为什么他们会有强烈的"积极政府"的价值观，也就是他们渴望依靠政府来解决社会问题，但却看不出参与公民生活的意义何在。举棋不定的宿命论者认同民主党的比例最高，但是他们一般不投票。

尽管生活充满了挑战，但举棋不定的宿命论者并没有放弃。他们在绝望中还抱着一丝希望，只不过他们并不指望依靠自己来解决问题。他们跟社会上的另一个群体"穷人"——残酷的世人——的不同之处在于：他们在社会上并不感到孤立。相反，他们对社区有归属感，并对自身的文化背景感到自豪。举棋不定的宿命论者在"寻根"和"社区参与"之类的价值观上诉求也较为强烈，而它所衡量的则是他们对自身社区所发生情况的兴趣和参与度。

在回答中，举棋不定的宿命论者对露营、钓鱼和打猎表现出浓厚的兴趣。他们也比大部分美国人更觉得自己是环保人士。可是他们的价值观所呈现出来的情况却不是这样。除了"关注生态"是他们最不看重的一个价值观外，他们还很注重购买能突显其地位的东西，并喜欢定期逛街购物。在"对大企业的信心"、"消费乐趣"、"品牌重要性"和"需要靠地位来肯定"等价值观上，他们的分数高于一般人。即使他们表现出对环保有兴趣，但举棋不定的宿命论者还是比较在意成功，而不是实践环保。

在接触举棋不定的宿命论者时，绿色公司要证明自己的产品能带来更多具体的改变，并且要做得让人一目了然，因为这群人"讨厌含糊不清"。结合地区并跟值得信赖的社区组织合作是建立公信力的其他方法。

也许最重要的是，以白人为主的绿色形象也需要改变。如果不断在年纪较高、有钱、受过教育的白人这种形象下推出健康与永续型产品，那在尝试接触这种年轻又多元的公众群体时，效果就会有限。要等到环保的形象被扭转，并在更广泛的层面上反映出美国人变成了什么样子时，这个市场的潜力才能充分发挥出来。

←—— 受驱使的独立派——绿色是新的美国梦 ——→

有7%的美国人可以被界定为受成功所驱使。受驱使的独立派年轻、专业、有独立的政治倾向并且以男性为主。他们最强烈的价值观都跟成功以及不要被分享有关。

虽然他们可能不怎么关心美国公民的生活，但只要他们所得到的一切不会有化为泡影的危险，那么受驱使的独立派并不排斥变革。这群人拥有高收入，并注重财务安全，但他们并不是为了引人注目而消费。他们已经自认为是赢家，并且不太在乎最亲密的同侪团体以外的人是怎么看他们的。

受驱使的独立派对环境并不太担心。在2007年的调查中，只有29%的美国人认为全球变暖是重要问题。他们在"关注生态"以及"生命宿命论"上的分数都非常低。因此，他们不一定认为环境恶化是无法接受的事，但也不相信经济进步非得牺牲环境不可。

这群人不仅在政治上独立，在社会上也很独立。这组成员在"社会亲近度"和"自省与同情心"上的价值观评分非常低，在"赏罚分明"上却非常高。如果企业要以"携手同心，我们就能改变局面"的用语来营销绿色产品，这种态度并不是好兆头。

受驱使的独立派虽然不是绿色策略人员最主要的目标，但在促销环保产品或服务时，他们确实有一些价值观可以被善加利用。例如，这个群体在"节省原则"的价值观上评分很高，他们认为为了将来而省钱或者以备不时之需而省钱是很重要的事。所以，他们完全不是花大钱的人，推广节能的绿色产品或是其他靠绿色行动来省钱的方法或许能吸引到这群人。受驱使的独立派在"房子等同于地位"上的评分非常高，并把房子当作个人成功的象征。绿色建筑和住宅产品或许能吸引到这群人，只要这些产品的形象高人一等，而不是平凡无奇或土里土气的。

　　受驱使的独立派在"随机应变"上的评分偏高，这表示他们会灵活应对威胁到自身计划的情况。此外，他们也对科技很有兴趣，并愿意尝试最新的高科技产品。这不管对于推销崭新或奇特的绿色产品的公司来说，还是对于专门为环境挑战提供技术解决方案的商品或服务的公司来说，都是好消息。

　　受驱使的独立派在"心灵探究"上的评分非常低，所以依靠新时代唯心主义的营销方式最好避免。大力推销以及用政治手段推销的方法也应该予以避免。不过，假如绿色成了成功的同义词，这群人就可能改变心意。

←── 隐晦的中间派──对生态漠不关心 ──→

　　据统计，有17%的美国人并没有任何强烈的社会价值观，这点或许令人难以置信。从年龄、收入、种族和受教育程度之类的人口统计指标，到对政治、户外活动和绿色产品的适度兴趣，隐晦的中间派在各方面都很一般。所以作为绿色类型产业的销售对象来说，他们的潜力也很一般。

　　隐晦的中间派对自己的未来持既不悲观，也不乐观的态度。他们不相信自己能改善生活的处境，更不用说能影响层面更广的社会问题了。他们甚至对照顾自己都不关心，所以，他们在"为健康而努力"方面和"全方位健康"方面的评分都偏低。同样，他们在"工作伦理"和"个人挑战"上的评分也偏低，这两方面表明他们倾向于设定有难度的个人目标并拒绝失败。由此我们可以推测出来，这组成员在"关注生态"和"生态宿命论"上的评分都属于一般水平，也就是说，他们基本上不关心环境事务。

　　但是，这群人对环保并不反感。虽然这组成员跟最环保的美国人没有什么共同之处，但隐晦的中间派跟比较年轻但关心环境的后现代的理想派倒是有一些共同的价值观。这点并不意外，但因为他们习惯随大流，而当今的主流文化是年轻人的文化，即使他们本身并不是特别年轻。虽然他们的价值观诉求不怎么强烈，但"跟年轻人关系平等"（这个信仰是指，年轻人认为他们应该跟成年人一样体验到自由与个人主义）、"勇于冒险"以及"不受羁绊的个人主义"的观点还是在他们的价值观榜上名列前茅。以年轻人为销售对象的环保产品和信息只要比一般的绿色选项有优势，并广为普及，就可能引起隐晦的中间派的共鸣。

隐晦的中间派的前三大价值观是有关消费与地位的，包括"消费乐趣"、"品牌重要性"以及"需要靠地位来肯定自我"。但跟其他的群体比起来，他们的这些价值观同样不是很强烈。就跟他们生活中的其他部分一样，他们虽然追随美国文化中的"物质主义"，但感受并不强烈。

另一方面，隐晦的中间派有一个最重要的价值观就是"接纳变化"。这代表他们在安排生活时，接受自发状况与不确定性。假如环保真的变成了新风潮，就算他们搞不清楚或并不想要，隐晦的中间派到最后还是可能会尝试绿色产品。

←—— 自豪的传统派 ——→

每五个美国人里，就有一个是自豪的传统派。这一群人的年纪较长、来自乡村、性格在温和到保守之间，并且笃信宗教。他们虽然不是绿色营销人员的明显目标，但我们有理由相信，这个群体的成员或许有机会转变成为对环境负责的消费者。

对自豪的传统派来说，明确的阶层在他们的世界观里扮演了重要的角色。他们对"传统家庭"的重视程度是全国平均水平的四倍，并认为传统的家庭观念不应该改变。他们有强烈的社会责任感，并且比其他任何一个群体的人都"重视权威"。

在环境价值观、意见与活动上，自豪的传统派都很温和。"关注生态"在他们的价值观中排名偏低，而"生态宿命论"也是一样。除了对钓鱼有强烈的兴趣外，这群人对于户外活动的兴趣属于一般水平。他们所持的健康价值观也不强烈。

绿色公司可以利用的是这个群体所持的一些跟关注环境有关的价值观。跟最环保的美国人一样，自豪的传统派拥有强烈的"社会责任感"，也就是相信大家同心协力时，情况就可以改善，并且他们也具有在决定事情时把别人考虑进去"自由群体主义"观和"利他主义"观。

这个群体的成员如果要进行环保实践，一个重大的障碍是他们对环保人士很反感。对自豪的传统派来说，环保人士太过自由，也太过质疑权威。另一个障碍是，他们坚信"人类比动物优越"。这种人定胜天的明确意识跟我们全都属于生命共同体的环境观点格格不入。不过到了最近，这种存在极大偏差的世界观正在与其他世界观逐步拉近，因为有许多宗教组织开始更积极地投身环保。近来有关濒临灭绝物种和保护栖息地以及气候变迁的宣传活动可能会大有作为，因为它们把管理和遗赠方面的相关道德融入了生态价值观中。

由于人数众多，这个群体的总消费量很大，但每个人的消费量并不高。自豪的传统派不需要展示其物质财富，他们没有什么在乎的特定品牌，也不会纯粹为了好玩而买东西。他们对"良心消费"也不感兴趣，所以不太注重所买产品的公司在社会上的声誉怎么样。

在对自豪的传统派营销绿色产品及服务时，要避开政治上的信息与俗气的形象。确切来说，重点应该要摆在对未来了孙的责任上。宗教社群里有公信力的发言人比没有强烈宗教与传统倾向的人更能打动这群人。如果以负责任的地球管理员所肩负的道德义务为诉求，这个群体的成员可能会比我们想象得更愿意参加环保实践。

←——— 残酷的世人——为什么有些人排斥环保？ ———→

有6%的美国人认为，生活的前景一片黯淡。残酷的世人觉得被美国梦遗弃了，并对成功人士心怀怨恨，这种情况比其他任何一个群体都严重。由于社会经济地位长期偏低，所以要残酷的世人立刻认同环保的可能性就跟他们的世界观一样，希望渺茫。

残酷的世人身处全国经济的最底层，有26%的人年收入少于3万美元。其中也包括一些受教育程度最低的人，并且一般从事不需要技能的劳力工作。这是年纪次长的群体，仅次于最环保的美国人。不过，这两个群体除了都是以白人为主之外，并没有什么共同点。

在各种环境因素上，从自认是环保人士，到对户外活动及购买有机食品的兴趣，残酷的世人都接近或位于量表的最底部。同样的情形也发生在"良心消费"和"社会责任"等价值观上。相反，"有意义和生活与未来"则是残酷的世人最重要的价值观之一，他们对此价值观的秉持程度是一般人的两倍多。由于本身的生活缺乏目的，也不相信未来会变得更好，所以他们不关注层面较广的社会或环境议题一点也不意外。

对残酷的世人来说，"现代种族主义"是首要的价值观，也就是他们认为种族主义是过去的事，并且认为少数族群所得到的比他们应得的多。这群人在"仇外"、"眼光狭隘"和"社会孤立"上的评分很高，也就是觉得不想跟别人联系在一起。对他们来说，世界已经变成了令人困惑的地方，所以他们认为自己并不是其中的一分子。他们在"科技焦虑"和"讨厌复杂"上的评分业很高，因为社会变迁和现代生活的复杂性威胁到了他们。尽管这个群体的成员大部分都很努力地从事全职工作，但他们也知道，他们正在被信息经济所遗弃。

从商业策略的角度来看，争取残酷的世人并无太大意义。不过，了解这群人的价值观倒是能一窥为什么有的美国人完全排斥环保。当

基本的需求都很难得到满足时，环境价值观很难实现。但跟社会经济
地位比起来，残酷的世人拥有负面的世界观和社会孤立感才是更大的
阻碍。我们很难想象他们会越来越在乎环境，或是相信环境有可能改
进。而且基于年龄的原因，他们的价值观不太可能会改变了。

←——— 改变这些信仰发生变化的人 ———→

让最环保的绿色消费者买你的产品要比灌篮难得多。这是因为许
多最环保的美国人都说，他们对自己的选择也会感到疑惑。

这也难怪，由于绿色认证计划与标签多如牛毛，而且很多都不一
致或不连贯，所以我们很难搞清楚哪个是对的。像"天然"和"有
机"这种绿色营销用语常年被滥用，民众当然会感到困惑。

2007 年在加州和纽约所举行的焦点小组讨论是以最环保的美国人
和后现代的理想派为对象的，而他们属于 12% 拥有最强烈的环境价值
观的民众。结果他们表示，参与环保实践可能是件苦活。他们不知道
要怎么分辨产品对环境的影响，也不知道有没有标准或准则，更不知
道这些标准是由谁来负责制定与执行的。这种情形也发生在有机食品
和节能家电这两类非常主流的绿色产品上，尽管这两类产品都受到联
邦政府的规范，并且有健全的认证与标签计划。

这并不是因为缺乏意图。以资源回收为例，这些关心生态的美国
人所表现的日常行为就是他们道德观的一部分。不过，也许他们在买
大件东西时是个例外，因为大家没有时间或工夫去研究环保诉求，找
出哪个是真的、哪个是吹牛的。他们依据直觉和手边的有限信息来进
行选择，并希望得到最好的结果——同时也希望有人把这些信息简化
（见图 A—1 区块图）。

由于缺乏或找不到明确的标准，所以最环保的美国人和后现代的
理想派很注重以下两个因素：产品信息的来源和购物场所的公信力。
假如环保组织支持或讨伐某个产品或公司，它就会被认真看待，因为

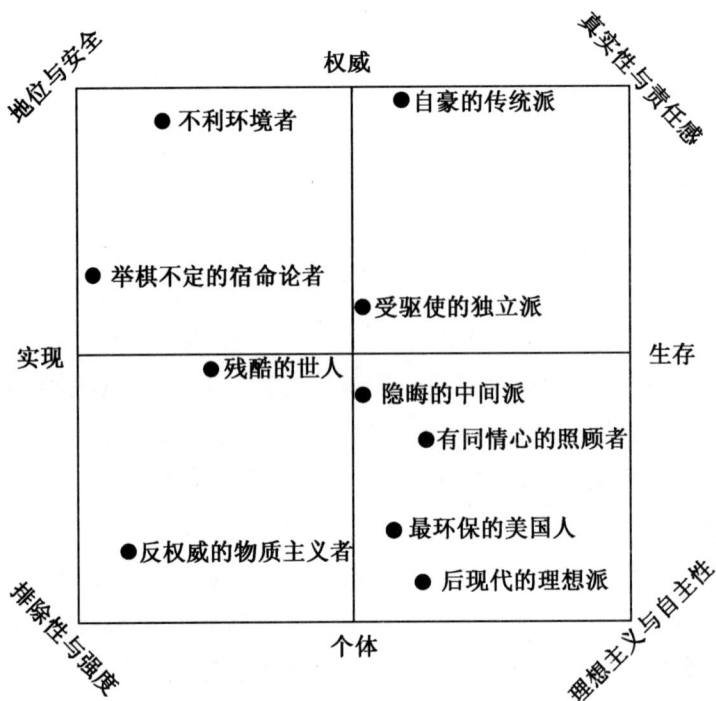

图 A—1　区块图

这些团体被视为美国企业或政治人物的监督者。此外，环保消费者也容易相信以社会责任而闻名的绿色零售业者，但他们却可能质疑大型量贩店。

　　如果要打动最环保的消费者，光说产品环保还不够。有环保动机的消费者想要知道的不只是产品的成分表，还有制造产品所使用的材质和废弃物对环境的影响。他们要确定，在生产绿色产品的地方，工人领到的工资是否足以维持生计，而且东西不是绕了半个地球才运到当地的店里的。他们要求提供细节和数据，而且陈述最好简单明了。

　　在焦点小组讨论中，最渴望得到相关信息的绿色消费者说，对于任何营销诉求背后的详情，他们都想知道。不过，这并不表示他们想要花很多时间去看。营销内容应该用个简洁的网站供人参考，并随时更新。其中要提供的资料如产品所使用的能源、可回收性或天然材料成分，以及产品可回收或被重复使用的潜力。

由于消费者对绿色诉求感到困惑并有些质疑，所以能够通行于业界的标准值得推动。同时，公司可能也希望建立评鉴制度，并用简单的说明来比较自身产品跟竞争对手以及非绿色产品的影响力。关键在于，它要以第三方的资料为基础，并跟已经获得绿色消费者信赖的组织合作。

最环保的美国人和后现代的理想派会花很多时间上网，利用科技请消费者来评鉴产品有多环保，并跟别人分享这些信息。他们之所以可以这样做，是因为他们假设绿色诉求是第一要务，并能得到有公信力的第三方支持。

不管是什么样的标准或评鉴制度，重点在于要清楚地让消费者知道，你的产品能带来哪些正面的改变，以及他们在这些改变中所扮演的角色。

←—— 环保的神圣性——关心与行动间的断层 ——→

大部分的调查显示，包括美国人价值观的调查在内，绝大多数的民众都在一定程度上关心环保问题，或者最起码是喜欢户外运动与徜徉在大自然中。但这种兴趣并非永远会让人去购买绿色产品、参加环保组织，或是改变行为。

地球正义组织委托美国环境学研究公司举办了 12 场焦点小组访谈，由美国人价值观调查中的好几个群体的成员来探讨关心与行动间的断层。焦点小组访谈于 2006—2007 年，在圣荷西、纽约、波特兰和斯波坎举行，它们提供了很好的机会来进一步了解量化资料中所透露出的环保世界观。除了跟最关心环保的团体（其中包括最环保的美国人、后现代的理想派和有同情心的照顾者）会谈外，我们也纳入了一个有很强宿命论的团体——反权威的物质主义者。

正如调查所示，焦点小组讨论证实了大多数人对环境都有一定程度的关心，并对户外活动感兴趣。更重要的是，他们认定环保人士有别于一般人正是阻碍行动的原因。环保人士被视为愿意牺牲一切自我利益，并且会千方百计来保护环境。他们要么被视为受到尊崇的圣人，要么被视为疯狂的极端分子，因为他们的热情与付出已到了遥不可及的地步。因此，连最环保的美国人都不敢十分认定自己是环保人士。

的确，有些最关心生态的美国人在决定购买绿色商品时总是大费周折——他们有时候会花好几个小时上网研究高价品，或是去四家不同的店找平价有机杂货。不过，大多数人即使关心生态，也不知道怎么衡量绿色产品，也不觉得自己有时间或金钱去采取环保行动。他们只会对自己没有付出太多行动感到内疚。在焦点小组讨论中，连少数自称为环保人士者都补充道：他们并不是很好的环保人士，因为他们还可以做更多。

只要成为环保人士就跟神圣的奉献画上了等号，大部分的美国人都难以企及，尤其是在绿色产品还很难找到并且很昂贵的情况下。环保的购买行为会持续但难有起色，因为就像我们在焦点小组讨论中所听到的，大家不愿意成为环保卫道人士。

公司有机会激发民众去实现他们的环境价值观，并使购买决定变得更环保——那就是建立新的方式让人把自己定位成不需要十全十美的环保人士。绿色营销不应该永远严肃，而应该充满趣味，并愿意拿一些环保消费主义与生俱来的矛盾当作消遣。环保并不意味着非要当个狂热分子不可！

← 年轻且绿——美国年轻人是下一个绿色市场吗？ →

随着年龄增长，人们的价值观往往会变得比较传统并服从权威。不过一般来说，这是相对于他们的起点来看的。我们的文化目前有个特点是，年轻人的价值观和老一辈的价值观落差很大。

虽然在 10 个环境世界观的群体中，全都可以看到比较年轻的美国人，但他们在生活中比较相信宿命论，公民参与率较低，环境价值观也比较弱。这些对他们的各种行为都有影响，包括购买绿色产品在内。

迈克尔·亚当斯（Michael Adams）是加拿大环境学调查公司的创办人兼 CEO，他追踪社会价值观超过了 35 年。他曾提到："加拿大和美国的年轻人的价值观正朝着相反的方向发展，而且他们跟年纪较长的公民群体所拉开的距离也日益增大。在这两个国家，年轻人都变得太过个人主义与物质主义，并跟大部分传统形式的权威或怎么过日子的准则渐行渐远。"

在加拿大，这也许不是坏事，因为那里的年轻人至少持有强烈的环境价值观。可是在美国，绝大多数的年轻人所秉持的价值观却表明，他们并不关心自己的生活，更不用说关心其他人或是这个地球了。

这并不是说，美国没有用心的、积极的、进步的年轻人关心环境。还是有 3% 的人属于后现代的理想派，这其中有许多人都相当年轻。但即便如此，他们看待这个问题的方式跟老一辈的美国人也不相同。后现代的理想派会关心野生动物和湿地，但他们还是以人为主、比较物质主义，想要知道环境恶化对他们自身有什么影响。在许多层面上，这都使他们成为了理想的绿色消费者。

遗憾的是，他们在美国的年轻人当中并不占多数。反权威的物质主义者和举棋不定的宿命论者才占多数。这两群人最强烈的价值观都是"生态宿命论"。除非他们的态度有所转变，否则环境就不可能成为他们的优先考虑事项。这两群人偏低的社会经济地位必然是影响他们世界观形成的重要因素，但却不足以说明一切。

那还有什么条件？大部分的社会价值观都在人们 18 岁的时候确立。就个人而言，改变生活的个人体验和重大的社会事件都会促成价值观的转变。年轻的美国人达到法定年龄的时候，刚好遇到了"9·11

事件"、卡崔娜飓风、伊拉克和阿富汗战争，所以许多人对未来感到无助与绝望。而现在，他们正面临气候变迁。

将来，宿命论的年轻人和绿色消费者都会被需要成为绿色市场的一部分。可问题在于，怎样才能打动和吸引年轻的美国人？

我们可以从后现代的理想派开始做工作，因为这是最关心生态和具有年轻取向的人群。他们在"品牌重要性"上的价值观评分偏高，所以可以通过社群感，吸引他们一同发展品牌，使他们成为忠诚的消费者。"社会亲近度"也是这群人最强烈的价值观，它是指人们渴望联系范围比较小而关系紧密的人群和组织。所以找小规模且有特色的场所和团体来合作以促销绿色产品也是个好办法。

年轻的美国人可能会上网听取同龄人的意见，而不会注意老一辈的环境信息。所以，可以提供激励让后现代的理想派去接触相信宿命的同龄人，包括反权威的物质主义者和举棋不定的宿命论者，并分享议题和产品消息。但信息不能太严肃，否则他们不会理你。

←— 连接社会责任与环境价值 —→

关心环境的美国人多半也关心在他们购物的背后，公司的伦理和社会责任方面的作为。对那些不把环保当成首要任务的人来说，情况恰好相反。

41%的美国人持有"良心消费"的价值观，在决定要买什么的时候，也会考虑公司在伦理和社会责任方面的作为。其中大部分都集中在四个人群中：最环保的美国人、后现代的理想派、有同情心的照顾者，还有举棋不定的宿命论者。不过各个人群对环境的关心都有其独特的原因。

对于最环保的美国人来讲，注意公司的所作所为是他们整体世界观的一部分。他们重视的是责任和付出，而不是享乐与地位。"良心消费"符合他们"关注生态"和"减少消费"的观点，也就是极度限制物质消费。他们在"对品牌没兴趣"这方面上的评分比任何一个组都高，在"对大企业的信心"上的评分则偏低，这说明他们认为大公司不会在利润和公众利益当中取得平衡。因此，他们是消息灵通的消费者。假如有新公司在环境或社会责任方面表现良好，他们会毫不犹豫地更换品牌。当然由于他们的收入也最高，所以他们有挑剔的资本。

跟最环保的美国人一样，后现代的理想派对于"关注生态"和"良心消费"也很在意，在"对大企业的信心"上的评分则偏低。他们大多比年长的环境主义者更注重物质，在"品牌重要性"和"消费乐趣"方面的价值观也很强烈。后现代的理想派乐于选择环保事物，因为他们希望既时尚，又不必为自己造成的冲击感到内疚。

有同情心的照顾者对于"良心消费"的关心不亚于后现代的理想派。他们最强烈的价值观是"有弹性的家庭"和"用脑与开放"。这群人对于支持企业社会责任的兴趣更多源自做好人，而不是政治或个人诉求。跟最环保的美国人一样，有同情心的照顾者不太注重消费，并且同样怀疑大企业。他们想要做得更多，但由于自己收入一般，所以担心自己承担不起。假如他们觉得选择对环境和社会负责的企业是能力所及的，有同情心的照顾者就会更加努力去实践自己的价值观。

举棋不定的宿命论者是唯一在"关注生态"和"良心消费"上不一致的群体。后者在他们的价值观排行上虽然排名很高，但"生态宿命论"排名更高，"对大企业的信心"、"阔绰消费"和"残酷的物质主义"也是如此，所以他们很注重积累物质财富，并且要买个不停。这群人尽管不排斥"减少消费"，但是得先达到一定物质地位之后才会考虑这种想法。

鉴于"良心消费"和"关注生态"的关系紧密，再加上"对大企业的信心"的低评价，最关心环境的消费者显然也最关心社会问题，比如公平交易、健康和劳工。有人可能从来不相信大公司会出售真正的替代产品，而这也让地方性小企业有机会满足最吹毛求疵的消费者的需求。

无论规模大小，出售绿色产品的公司全都要注意到自身的环境和社会声誉，因为它们的目标群体都在睁大眼睛看着自己，以确保自己支持的公司在价值观上言行一致。

←—— 健康与环境 ——→

环境是个健康议题。不管是空气品质、饮用水，还是食品安全，环境状况都会影响到我们。可是很多人关心自己的健康，却不关心环境。

你可能会料到，持有最强的环境价值观的美国人所持的健康价值观也最强。"全方位健康"、"为健康而努力"与"活力"密不可分，它们促使最环保的美国人和后现代理想派形成其世界观。这两群人把身体、内心和精神健康视为一体，并相信现在照顾自己，日后会得到回报。而且由于这两群人也想要顾及环境，因此他们所重视的产品一方面要有益于健康，另一方面也要减少对地球的危害。

在环境谱系的另一头，有两群人也很注重健康。不利环境者和举棋不定的宿命论者在"全方位健康"、"活力"和"为健康而努力"上的评分都很高。他们在"看起来不错就感觉不错"上的评分也很高，他们相信只要注重外表，你就会感到自信和成功。他们对健康的极大关注主要源自外在因素，因为他们最在意的是自己的外表，以及别人怎么看待他们。尽管如此，他们对预防疾病和身体—心理—灵魂的关系也很感兴趣，这也是个趋势。

另一群人的健康价值观也高于一般人，那就是受驱使的独立派。这群雄心勃勃、充满自信的人对绿色话题漠不关心（在"关注生态"和"生态宿命论"上的评分都偏低），但"全方位健康"却是他们最高的健康价值观，并且是最强的价值观之一。这点并不令人意外，因为除了对"全方位健康"感兴趣之外，这项价值观还有一种对个人健康负责的感觉。

健康是通往绿色的理想之路。比方说，不利环境者和受驱使的独立派可能不会把个人和地球联系在一起，但要是强调产品对个人的直接好处，并避开政治或尖锐的信息，产品还是有吸引力的。

另一个例子是，有68％的民众说，购买不使用杀虫剂或化学品所种出来的产品对他们很重要。但是他们的关注是受到健康还是环境的驱使，那就要看他们的世界观是怎样的。当人们习惯了为自己的健康而购买绿色产品后，他们就会开始在生活的其他方面实践环保。

←—— 环境认知 ——→

最环保的美国人中有49％的人拥有研究生学历，足足是其他任何一组的三倍多。次高的是后现代的理想派，有16％的人拥有研究生学历（以后还会更多，因为这群人有29％目前是学生）。接下来是有同情心的照顾者，有14％拥有研究生学历。而这也是"关注生态"程度最高的三组人群。

这三组人群在"自省与移情"上的评分也很高，也就是他们习惯在没有判断的情况下，检视自己和他人的行为。对最环保的美国人和有同情心的照顾者来说，"用脑和开放"是他们评价最高的价值观之一，反映了他们对世界广泛的兴趣和天生的好奇心。后现代的理想派在这方面则不太一样，他们比较注重的不是前两项价值观，而是"对不明原因感兴趣"，也就是不认为所有有效的知识都必须符合逻辑和科学。跟年纪较长且关心生态的群体不同的是，他们有强烈的"直觉和冲动"，也就是习惯根据情绪而不是理性思考来行动。

在针对最具生态观念的一组人的焦点小组访谈中，我们看到了这些价值观的作用。最环保的美国人是从最智慧的角度来认识环境问题的。这组人依靠信息和逻辑形成自己的观点，并且非常关注政治，因而掌握了很多信息。有同情心的照顾者虽然信息没有那么灵通，但是对待环境问题也非常理性，对环境保护的观点非常直接。相比之下，后现代的理想派处理问题则更情绪化。他们一想到未来充满巧思的生态界就感到欣慰，并认为环保主义要跟生活品质结合在一起，比如有好东西可吃、有便捷的公共运输，以及绿色空间。

连受过高等教育并且很环保的人都发现，追踪环境问题真是让人望而却步。我们所面对的环境挑战不计其数，所以大家搞不清楚应该关注哪些挑战。环境议题环环相扣，所以很难找出因果关系，而在气候变迁之类的事情上，更不可能看出来。我们的大脑适合用来处理信息，分析简单的因果关系，这就是为什么大多人不擅长思考互相联系的系统性问题的原因。

对于我们面对的挑战，美国人希望得到简单的答案，连最环保和受教育程度最高的人也不例外。教育可能会使人有强烈的生态观，但却不见得能让人成为这方面的专家。公司应该勾勒出全貌，以便替民众将环境挑战和产品功能结合起来。不要用简化的方式，而要让民众先信服，然后再提供细节。

民众越能看出环境问题的因果关系，投入环保的几率越高，无论是否有博士学位。

◀━━ 逐渐崛起的环保人士——多元化与环境 ━━▶

种族并不会影响到人们是否关心环境。但人们对种族主义的看法会影响到其是否关心环境。

对四组人群而言，"现代种族主义"是其首要价值观之一。这是以美国人价值观调查所追踪的130多个价值观为基准的。这些人坚信，种族主义大致是过去的事情，少数民族得到的比应该得到的要多，这就是新的种族主义。

"现代种族主义"影响了反权威的物质主义者、受驱使的独立派、残酷的世人和举棋不定的宿命论者对于世界的看法：在这个地方，你必须用尽一切手段才能得到你需要的东西，因为可以分配的东西只有这么多。这种狗咬狗式的观点并没有转化成为对地球的关心，所以"关注生态"都是这四组人最弱的价值观之一。

这些人群有的在种族上持有多元化的观点，有的则不然。对这几组中的许多人来说，低收入对观念形成有一定影响。包括绝大多数受驱使的独立派在内，有的人很容易接受自己的财富与社会地位，但还是有出人头地的念头。就算所有物质需求都得到满足，这种不安全感还是有可能出现。

跟"现代种族主义"相反的是"种族融合"。有36%的美国人在这项价值观上评分较高，也就是接受多元种族并相信它能丰富人类的生活，而他们多数在"关注生态"上的评分也相当高。包括最环保的美国人、后现代的理想派和有同情心的照顾者，他们的世界观反映出，价值观已从比较生存取向转变成对更高人生目标的追求。注重"种族融合"的人无所不在，从同质性最高的人士（例如最环保的美国人，也就是刻板印象中的环保人士）到变化最多的人士都有（例如有同情心的照顾者）。

这一切都显示，营销绿色产品需要多元化，对持有"现代种族主义"的人群来说，不管你做什么，都会遭到回绝。他们不是你的核心目标，注重"种族融合"的人才是。即使他们有不少人符合白人环保人士的形象，他们也希望看到多元化的产品。这不是在讲套话。最环保的消费者全都持着强烈的"良心消费"观，并且从内而外地判断公司的产品是否多元化。

←—— 气候变迁与环境价值的提高 ——→

气候变迁受到的关注日益增加，并且只要节能的价格不是太高，这会是公司的大好机会。但是只有两个人群将气候变迁列为我们遇到的最严重问题之一，他们分别是最环保的美国人（68%）和后现代的理想派（51%）。对另外八个人群来说，他们比较关注的是能源成本的提高，而不是气候变暖的影响。

为什么会这样？大部分美国人对气候变迁都有所耳闻，也认为这是个问题。除了不顾环境者之外，大部分人都相信气候变迁的冲击可能会减少。此外，有2/3的美国人认为，我们一定要想办法摆脱石油，用替代能源将其取而代之。

尽管他们都希望有所作为，可是即使最关心环境的美国人也不希望由自己买单。

在地球正义组织（Earthjustice）的焦点小组访谈中，我们听到了成本和关心环境之间的矛盾，访谈对象包括最环保的美国人、后现代的理想派和有同情心的照顾者。只要价格合理，激励合适，人们就愿意尝试高效能的家电以及其他节能产品。可是最后他们都希望政府介入并且买单。

焦点小组访谈的参与者说，提高能源效率和投资新的替代能源能带来经济增长。但关于标榜环保的企业数目，他们却感到质疑。我们所访谈的人群"对大企业的信息"的评分偏低，因此绿色诉求受到这样的质疑并不意外。

最环保的消费者并不相信，仅仅在购物方面的环保措施就能缓解气候变迁。公司需要解释，它们的绿色产品如何成为宏大的环保方案的一部分，消费者购买它们的产品有着怎样的意义。只要能让消费者省钱，企业一定要把可计算的部分拿出来宣传。在碳排放和新能源的使用方面，企业不要等政府发布新的报告或认证项目。要检查公司经营的各个层面来制定企业转型的规划，走在政府命令的前面。

气候变迁不仅是我们这个时代的环境挑战，更是我们这个时代的最大课题。从牙刷要怎么制造，到我们的交通方式，几乎一切都需要重新设计，这样能少用一点能源，少排一点碳。只要所出售的产品和服务确实能扭转气候变迁，公司就有机会挣到钱，同时为地球尽一份力。但是产品要让消费者负担得起。

←── 社会价值的演变与绿色商机 ──→

从 1992 年首次举行的美国人价值观调查开始，美国人的社会价值观就大幅转向了生存和疏离。几乎半数的民众受到"现代种族主义"、"接受暴力"和"赏罚分明"之类的价值观所驱使，包括国内绝大多数年轻人在内。这些观点干扰了民众对环境的关心，更不用说是实践，使他们而只懂得自私自利。

与此同时，有的美国人则比以往更投入。从 2004—2007 年，环境价值观最强的人群表示，他们更关心政治，对环保组织的捐献也更多。气候变迁成为主要的动因，关心环境和采取行动的人估计也会越来越多。

这股参与的大潮能不能盖过退出的趋势，对于绿色产业的成长（对地球而言）至关重要。最环保的美国人、后现代的理想派和有同情心的照顾者会不会努力减少他们的生态足迹，为更长远的经济奠定基础？假如真是如此，那么占美国人口 17% 的、没有任何强烈的社会价值观的隐晦的中间派，会不会一同加入绿色的行列呢？

目前看起来，正反方向都有可能。同时，当前的生态路线图告诉我们，一刀切的做法行不通。对于不同的人群，显然要采取不同的策略。

举例来说，以最环保的消费者为目标的手法对其他人群就不管用。除此之外，绿色产业所需要的不仅是为市场定位。同时，它不能把路走偏了，变得只迎合精英人士。

大部分人一辈子都不会变成最环保的美国人，因为这些人的社会价值观受到他们的高收入和高学历的影响。可是大多数人为什么不经常买一些绿色产品和服务呢？成本和产品匮乏是明显的障碍，但是并没有内在的原因表明绿色产品和服务的成本会一直高下去而产品会一直匮乏，所以这些都不是主要原因。

　　为了最有效地推动绿色经济的发展，绿色产业所能做的就是为绿色创造出新的内涵和形象，并避免环保出现神圣的、负面的刻板形象，以及前后不一致的且过度复杂的信息。

　　只要去了解不同的人群是基于哪些社会价值观采取行动的，公司就能在环境保护方面担任不可或缺的角色。如此一来，就会有更多的美国人能看到自己每天都在参与绿色经济。

译者后记

我国改革开放 30 多年来，经济建设取得了瞩目成就，但同时也付出了巨大的资源和环境代价。经济发展与资源环境的矛盾日趋尖锐。特别是 2008 年爆发的国际金融危机，引发了全球经济发展模式、供求关系、经济结构调整变化。气候变化以及能源资源安全等全球性问题更加突出，使得我国企业经营发展的环境发生了深刻变化。改变发展方式，实现企业转型升级已经刻不容缓。企业在调整制定企业发展战略时，同时应制订具体的绿色行动计划，努力减轻对自然、环境的压力，推动应用低碳技术把环保和节能减排纳入企业跨越、流通、消费全过程。绿色经济引领世界未来的发展，绿色经济开启了新一轮企业革命的序幕。发展绿色经济必须依靠企业家付诸行动，这是时代赋予企业的责任，更是挑战和机遇。

不可否认，绿色经济作为未来经济发展的必然趋势，势必会引领当今企业的发展潮流。美国《商业周刊》网站则有一篇题为《低碳经

济下的全新商业模式》的专题文章，提出目前正在探索的有四种新的
商业模式，其中未来的低碳经济需要这四种模式同被采用。本书作者
乔尔·麦科沃则表示，绿色已成为区别企业优劣的核心标准，绿色战
略将会是未来企业赖以生存的重要武器。同时，未来的低碳经济发展
之路一定会面对诸多挑战，但其引领的经济发展潮流的趋势已是势不
可挡。作为经济发展的主体，企业唯有尽快地适应未来的"绿色前
景"，才能取得更快的发展与进步。

　　昆明理工大学信息工程与自动化学院的王彬副教授也参与了本书
的翻译。南京大学环境学院的张勇、张迪、王莉莉、于婷、范哲、高
松、李晓蓉、李家旭同学对全书做了认真的校对，浙江大学环境与资
源学院的吴涛、吴文斌、郑强、刘浩、计永军对本书提出了很多宝贵
意见，在此一并表示感谢。由于译者水平有限，还请读者不吝赐教。

姜冬梅

2011 年 10 月